数字媒体应用型系列教材

Photoshop项目制作
数字媒体技术基础

主　　编◎庞玉生　张　弘　迟晓君
副 主 编◎向　曼　吴瑞臻　刘慧敏
　　　　　张　婷　张佳婵
总 主 编◎孔宪思
执行主编◎庞玉生

数字媒体应用型系列教材编委会

前言

preface

近年来，国家相继出台和实施了一系列扶持、促进文化及动漫产业发展的政策措施，中国文化与动漫行业的发展呈现出越来越喜人的局面。文化与动漫产业的发展，都离不开数字媒体技术的支撑。然而，数字媒体教育模式和企业人才需求问题也日渐凸显，为探索解决这一系列问题，由行业协会组织的文化传媒企业和动漫企业专家及全国部分应用型院校共同研发了《数字媒体应用型人才培养方案》，并在此基础上进行了数字媒体应用型系列教材的合作编撰。

该系列教材根据应用型教育的实际需要，以企业所需人才为导向，着眼于培养学生的动手能力，通过企业的实例项目，加强技能训练，积极探索应用型院校“现代学徒制下的项目教学”人才培养新模式。

Photoshop 是专业性和基础性很强的课程，学习 Photoshop 不仅能掌握一项技能，还能满足企业对人才的基本技能需求。本书以 Photoshop 的主要功能为线索，以项目案例工作过程为向导，结合理论知识、实践技能操作和职业素养为一体来完成编撰。通过项目实例的制作学习，让学生在获取项目生产经验的过程中，掌握 Photoshop 的应用技能。

本书适用范围广泛，不仅可以作为大、中、专院校相关专业的教材，也可以作为培训机构、企业员工的培训教材，还可以作为爱好者的工具书和参考书。Photoshop 作为图形图像处理软件，被广泛应用在图形、图像、文字、视频、设计、出版等各方面，是大、中、专院校和培训机构的基础技能专业课程。Photoshop 是在生活、工作中对人们影响最大的一款电脑图形图像处理软件。

本书是由文化与传媒企业一线技术人员和在职业院校多年从事 Photoshop 教学人员共同编写，以大量的企业实际项目资料为案例，以实际生产过程为线索，并在多位专家的指导和建议下完成。

由于编者水平有限，书中难免存在错误和不足，恳请读者批评指正！

编者

2017 年 5 月

目 录

CONTENTS

第一章 Photoshop基础知识

Photoshop 是 Adobe 公司推出的图形图像处理软件，是艺术设计中不可缺少的工具之一。Photoshop 随着版本的升级新增了一些功能，不仅集图像编辑、设计、合成、网页制作和高品质图片输出功能于一体，还具有一定的动画功能，能够更好地满足广大设计爱好者的需求。以 Photoshop CS6 版本为例，是数字媒体制作技术必须使用的基本工具。

第一节 图像的性质和种类

1.1 像素的概念

在 Photoshop 中，像素是指基本原色素及其灰度的基本编码。像素是构成数字影像的基本单元，通常以“像素/英寸”即 PPI（pixels per inch）为单位来表示影像分辨率的大小。图像是由许多个小方块组成的，每一个小方块就是一个像素，每一个像素只显示一种颜色，它们都有自己明确的位置和色彩数值，即这些小方块的颜色和位置就决定该图像所呈现的样子。文件包含的像素越多，文件量就越大，图像品质就越好。如图 1-1、图 1-2。

图 1-1　像素构成的图像

图 1–2 图像放大后变模糊的效果

1.2 位图和矢量图

计算机处理的图像有两种：位图和矢量图。位图通常叫做图像，矢量图通常叫做图形。

1.2.1 位图

位图也叫点阵图，它的基本元素是像素。放大位图到一定程度，会发现位图是由许多不同颜色的小方块组成的，这些小方块就是像素。由于位图采取了点阵的方式，使每个像素都能够记录图像的色彩信息，因而位图可以精确地表现色彩丰富的图像。图像的色彩越丰富，图像的像素就越多，占用的存储空间也就越大。

位图的优点是可以表达色彩丰富、细致逼真的画面；缺点是要实现的效果越复杂，需要的像素数就越多，图像文件的大小（长宽）和体积（存储空间）越大，占用存储空间就越大，且放大输出时会有失真现象出现。如图 1–3、图 1–4。

图 1-3 位图图像

图 1-4 位图放大后模糊的效果

常用的位图格式有：.PSD、.JPEG、.BMP、.GIF、.TIFF 等。

1.2.2 矢量图

矢量图的基本元素是图元，也就是图形指令，图形指令通常由绘图软件将其转换成可在屏幕上显示的各种几何图形和颜色。矢量图是由线条、曲线或文字组合而成，是以数学的矢量方式来记录图像内容的。

矢量图是根据几何特性来绘制图形的，可以是一个点也可以是一条线。矢量图只能靠软件生成，这种类型的图像文件包含独立的分离图像，可以自由无限制的重新组合，因此文件占用内存空间较小。它的优点是缩放或旋转时不会发生失真现象，和分辨率无关；缺点是色彩单调，画面不够细腻。矢量图通常用来表现线条明显、具有大面积色块的图案，适用于图形设计、文字设计和标志设计、版式设计等。如图 1-5、图 1-6。

图 1-5 矢量图像

图 1-6 矢量图放大后的效果

常用的矢量图格式有：.EPS、.PDF、.SWF、.CDR、.DXF、.WMF、.AI 等。

第二节 图像的属性

2.1 分辨率

分辨率是用于描述图像文件信息的术语。在 Photoshop 中，图像上每单位长度所能显示的像素数目，称为图像的分辨率，其单位为“像素/英寸”或“像素/厘米”。

2.1.1 图像分辨率

图像分辨率是指图像中存储的信息量。图像分辨率有多种衡量方法，通常用图像在长和宽方向上所能容纳的像素个数的乘积来表示，如：800×600 像素。图像分辨率既反映了图像的清晰程度，又表示了图像的大小。在显示分辨率一定的情况下，图像分辨率越高，图像越清晰，图像质量也越大。如图 1–7、图 1–8。

图 1–7　分辨率 72 的图像

图 1–8　分辨率 30 的图像

2.1.2　显示分辨率

显示分辨率也叫屏幕分辨率，是指显示器屏幕上能够显示的像素个数。通常用显示器长和宽方向上能够显示的像素个数的乘积来表示。如显示器的分辨率为 1280×1024 像素，则表示该显示器在水平方向可以显示 1280 个像素，在垂直方向可以显示 1024 个像素，共可显示 1310720 个像素。显示器的显示分辨率越高，显示的图像越清晰。

2.1.3　输出分辨率

输出分辨率又称为打印机分辨率，是指在打印输出时横向和纵向两个方向上每英寸最多能够打印的点数，通常以“点/英寸”即 dpi（dot per inch）表示。输出分辨率越高，则输出的图像质量就越好。平时所说的打印机分辨率一般指打印机的最大分辨率，目前一般激光打印机的分辨率均在 600×600dpi 以上。

2.2 颜色模式

颜色模式是指在显示器屏幕上和打印页面上重现图像色彩的模式，是作品能够在屏幕上成功表现的重要保障，各模式之间可以相互转换。下面介绍Photoshop最常用的几种颜色模式。

2.2.1 RGB模式

RGB模式是Photoshop中最常用的颜色模式，也是Photoshop图像的默认颜色模式。RGB模式是用红（R）绿（G）蓝（B）三原色混合来产生各种颜色的模式，红（R）绿（G）蓝（B）是光的三原色，也是计算机的色彩显示原理，即光色。该模式的图像中每个像素R、G、B的颜色值均在0~255之间，各用8位二进制数来描述，因此每个像素的颜色信息是由24位颜色深度来描述的，即所谓的真彩色。在Photoshop编辑图像时，RGB是最佳的颜色模式，但并不是最佳的打印（印刷）模式，因为其定义的许多颜色超出了打印范围。采用RGB模式的图像有三个颜色通道，分别用于存放红、绿、蓝三种颜色数据。RGB颜色控制面板如图1-9。

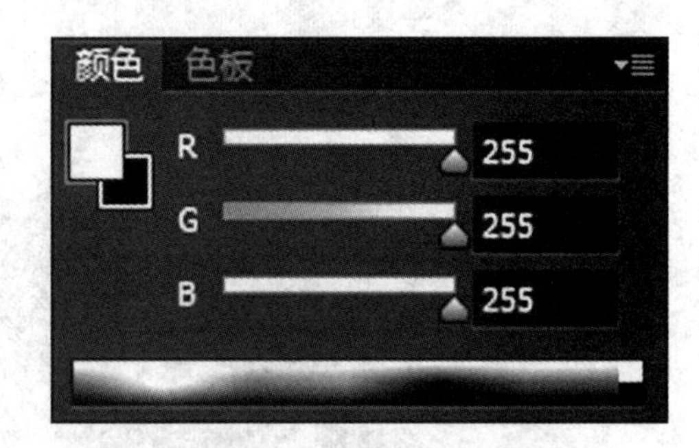

图1-9 RGB颜色控制面板

2.2.2 CMYK模式

CMYK模式是针对印刷而设计的颜色模式，是一种基于青（C）、洋红（M）、黄（Y）和黑（K）四色印刷的印刷模式。CMYK模式是通过油墨反射光来产生色彩的，因为该模式定义的色彩数比RGB少得多，所以图像由RGB模式转换为CMYK模式时一定会损失一部分颜色。采用CMYK模式的图像有四个颜色通道，分别用于存放青、洋红、黄和黑四种颜色数据。CMYK颜色控制面板如图1-10。

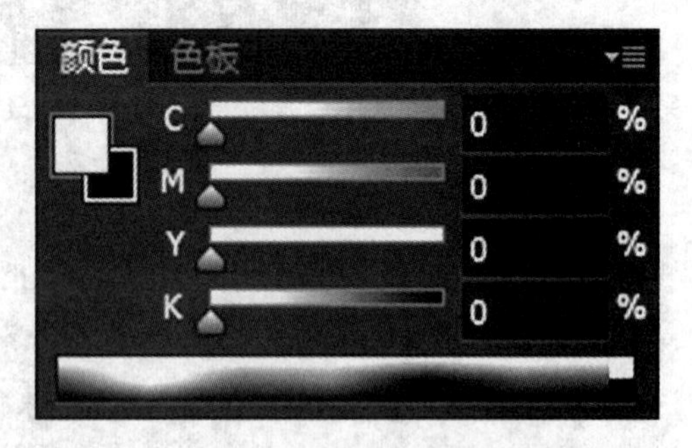

图1-10 CMYK颜色控制面板

作品要付诸印刷时，必须把该作品的色彩显示模式转换为CMYK模式，否则将不能完成印刷需求。

2.2.3 灰度模式

灰度模式，即由黑向白转换的N个灰度颜色，Photoshop灰度图又叫“8比特深度”图。每个像素用 8 个二进制位表示，能产生 28 即 256 级灰色调。当一个彩色文件被转换为灰度模式文件时，所有的颜色信息都将从文件中丢失，且原来的颜色不能完全还原。所以，当彩色图像要转换为灰度模式时，应先做好图像的备份工作。灰度颜色控制面板如图 1-11。

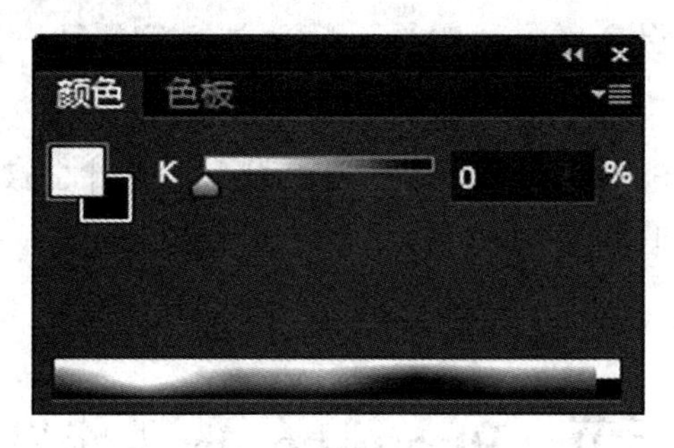

图 1-11 灰度颜色控制面板

2.3 常用的图像文件存储格式

图形图像文件的存储格式有很多种，每种格式都有不同的特点和应用范围，可根据不同的需求将图形图像保存为不同的格式。下面列举的是目前常见的几种图像文件存储格式。

2.3.1 PSD 格式

PSD 格式是 Photoshop 的专用格式，这种格式可以将 Photoshop 的图层、通道、参考线、蒙版和颜色模式等信息都保存起来，以便于图像的修改。它是一种支持所有图像颜色模式的文件格式。

2.3.2 JPEG 格式

JPEG 格式是“Joint Photographic Experts Group”即“联合图像专家组”的缩写。JPEG 格式既是 Photoshop 支持的一种文件格式，也是一种压缩方案，可以选用不同的压缩比，属于有损压缩。由于它的文件较小，压缩比可以很大，使得它成为 Internet 上最常用的图像文件格式之一。

2.3.3 BMP 格式

BMP 格式是 Windows 系统下的标准图像格式，这种格式不采用压缩技术，所以占用磁盘空间较大。

2.3.4 GIF 格式

GIF 格式是“Graphics Interchange Format”即“图形交换格式”的缩写，是一种压缩的 8 位图像文件格式。该格式的文件可以同时存储若干幅静止图像进而形成连续的动画，也可指定透明区域。GIF 格式文件较小适合网络传输。

2.3.5 PNG 格式

PNG 格式是“Portable Network Graphics Format”即“可移植网络图形格式”的缩写，是一种位图文件存储格式，属于无损压缩。用 PNG 格式来存储灰度图像时，灰度图像的深度可多达 16 位，存储彩色图像时，彩色图像的深度可多达 48 位。PNG 格式具有高保真性、透明性、文件较小等特性，被广泛应用于网页设计、平面设计中。

PNG 格式的图形图像背景可以设置为透明，其文件也被广泛应用在动画形象与背景的前后图层之间中。

第三节 Photoshop的工作界面

启动 Photoshop CS6 程序，可以看到 Photoshop 的工作界面主要由菜单栏、工具箱、工具选项栏、各种面板、图像编辑窗口等组成。如图 1-12。

图 1-12 Photoshop CS6 工作界面

3.1 菜单栏

Photoshop 将所有命令集合分类后，放置在 10 个菜单中，包括“文件”、“编辑”、“图像”、“图层”、“文字”、“选择”、“滤镜”、“视图”、“窗口”、“帮助”。如图 1-13。

文件(F) 编辑(E) 图像(I) 图层(L) 文字(Y) 选择(S) 滤镜(T) 视图(V) 窗口(W) 帮助(H)

图 1-13 菜单栏

菜单栏是操作 Photoshop 各种功能命令的指挥所。

3.2 工具箱

Photoshop 的工具箱包含了图像绘制和编辑处理的各种工具。

默认情况下，工具箱位于界面窗口的最左边，将光标放置在工具箱上部的蓝色条处，按住左键的同时进行拖拽，可以将其调整到界面窗口的任意位置。

工具箱具有伸缩性，通过单击工具箱顶部的伸缩栏 ▸▸ 可以在单栏和双栏之间切换，这样便于更好地灵活利用工作区中的空间进行图像处理。工具箱如图 1–14、图 1–15。

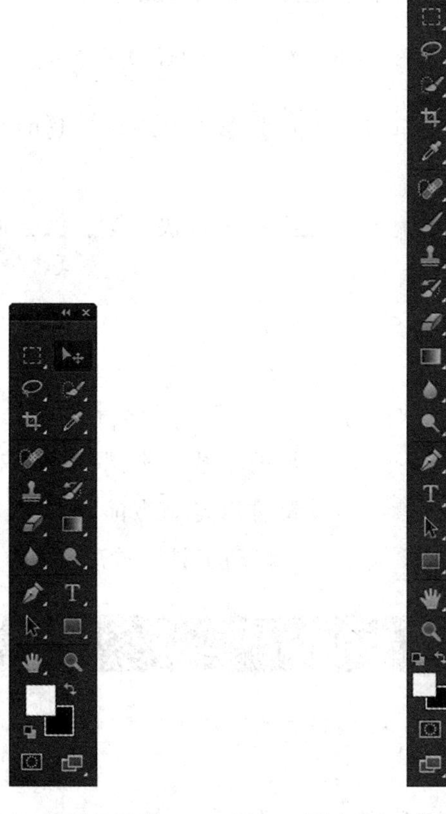

图 1–14 双栏工具箱　　图 1–15 单栏工具箱

工具箱在界面窗口中的显示与否，可以通过敲击键盘中的 Tab 键或单击菜单栏中的【窗口】/【工具】命令加以控制。

Photoshop 有 60 多种工具，若要了解某工具的名称，只需把鼠标指针指向对应的按钮，稍等片刻即会出现该工具名称的提示，名称后面的英文字母是该工具的快捷键。按相应的快捷键会选择该工具。由于窗口空间有限故把功能相近的工具归为一组放在一个工具按钮中，因此有许多工具是隐藏的。

隐藏工具的显示和选择办法有以下几种：

① 许多工具按钮右下角有一个黑色小三角形，这表明该按钮是一个工具组按钮，在该按钮上按下左键不放或右击该按钮时，隐藏的工具便会显示出来，移动鼠标从中选择一个工具，该工具便成为当前工具。如图 1–16。

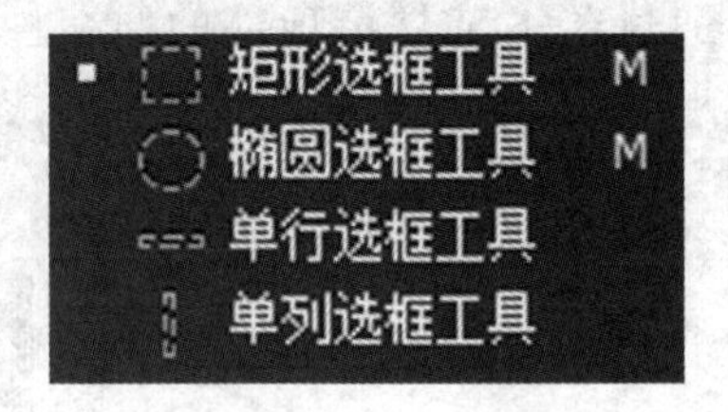

图 1–16 弹出隐藏选框的工具选项

②按住 ALT 键，再用鼠标左键反复单击有隐藏工具的图标，就会循环出现每个隐藏的工具图标。

③按住 Shift 键，再反复按键盘上的工具快捷键，就会循环出现每个隐藏的工具图标。

3.3 工具选项栏

当用户选择工具箱中的任意一个工具后，都会在 Photoshop 的界面中出现它的选项栏，用于设置工具箱中当前工具的参数，不同工具所对应的选项栏参数有所不同。通过对选项栏中各参数的设置可以定制当前工具的工作状态，以此来利用同一工具设计出不同的图像效果。“移动工具”选项栏如图 1–17。

图 1–17 “移动工具”选项栏

3.4 新建、打开、存储、关闭文件

3.4.1 新建文件

方法：

1. 选择“文件——新建”命令。
2. 按键盘上的 Ctrl+N 键。

以上两种方法都可以打开“新建”对话框。如图 1–18。

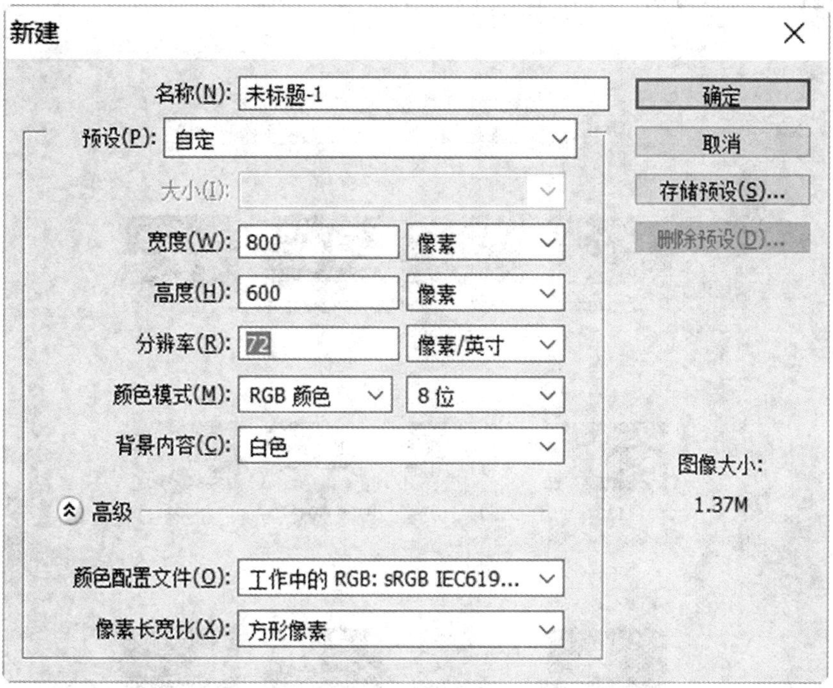

图 1–18　“新建”对话框

“名称”文本框：用来输入新建文件的名称。

“预设”下拉列表框：从中选择新建文件的尺寸。

“宽度”和“高度”文本框：用来自定义文件的尺寸。

“分辨率”文本框：用以设置图像的分辨率，在文件的高度和宽度不变的情况下，分辨率越高，图像越清晰。

“颜色模式”下拉列表框：用以选择图像的颜色模式。如果作品是为印刷使用，则选择“CMYK”色彩模式，如是网络或视频使用，则选择“RGB” 色彩模式。其后的下拉列表框用来选择图像的颜色位深度。

“背景内容”下拉列表框：用以选择新建图像的背景色。

在该对话框中将各项参数设置完毕后，单击“确定”按钮，即可创建一个新文档。

3.4.2　打开文件

方法：

1. 选择“文件——打开”命令。
2. 使用键盘快捷键 Ctrl+O 键。

3. 直接双击 Photoshop 界面空白处。

通过以上三种方法都会弹出“打开”对话框。如图 1-19。

图 1-19 “打开”对话框

在该对话框中选择路径和文件，点击“打开”即可。

按住 Ctrl 键的同时在该对话框中单击可以选择多个不连续的文件，按住 Shift 键可以选择多个连续的文件。

3.4.3 存储文件

方法：

1. 选择“文件——存储”命令。

2. 使用键盘快捷键 Ctrl+S 或 Ctrl+Shift+S 键。

3. 若不想覆盖原来的文件，可选择“文件——存储为”（Ctrl+Shift+S）命令。通过以上三种方法都会弹出“存储为”对话框。如图 1-20。

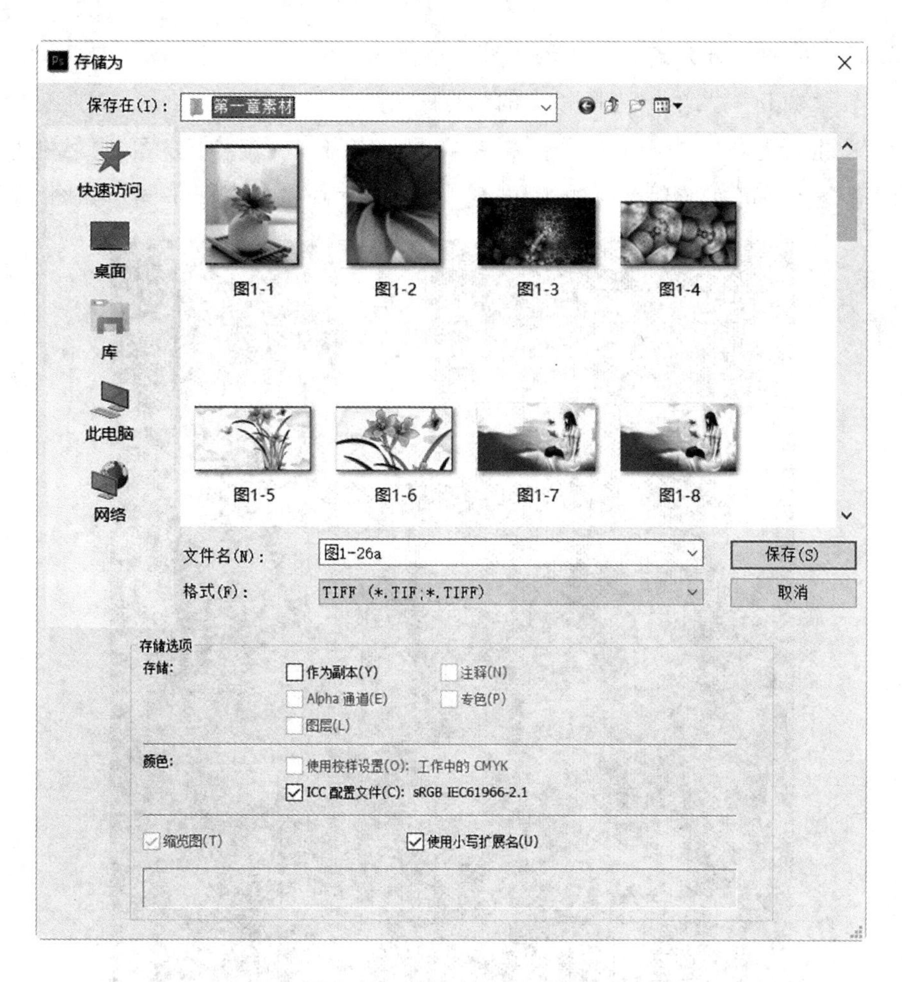

图 1–20 “存储为”对话框

在该对话框中，可以设置文件的保存位置、文件名及文件保存格式等，也可在该对话框中设置与图像格式有关的选项，设置完毕后单击“保存”按钮即可。

注意：根据工作需要选择文件保存格式。

3.5 面板

Photoshop 提供了 20 多种面板，每一种面板都有其特定功能，是处理图形图像时不可或缺的一部分。各面板与工具箱和命令菜单之间相互协调，形成功能强大的图形图像处理工具。默认情况下，面板位于 Photoshop 窗口的右侧。

在 Photoshop 中，可对面板进行展开、收缩、组合、折分等多种操作。下面介绍面板的基本操作方法。

3.5.1 面板打开方式

1. 在“窗口”菜单中选择相应的命令。

2. 单击标题栏中相应的工作区按钮或在“窗口——工作区”下拉菜单中选择相应的命令，即可切换到对应的工作区，相应的面板也会有所不同。如图 1–21。

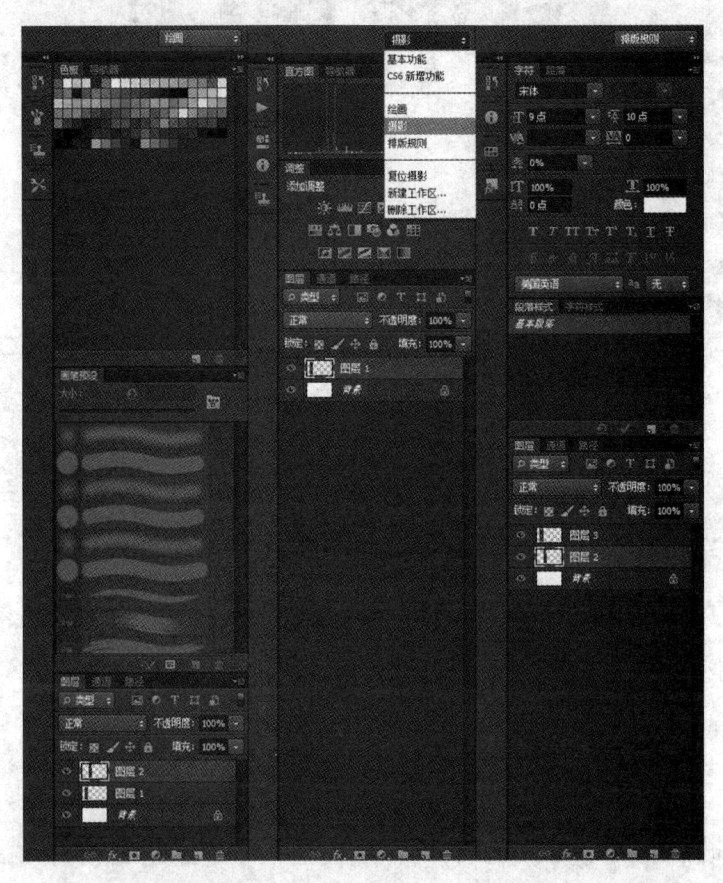

图 1–21　选择绘画、摄影、排版规则工作区时相应的面板

3.5.2 面板的展开与收缩

利用面板顶端的“展开面板”按钮可以将面板展开，如图 1–22 所示。单击“折叠为图标”按钮将其全部收缩为图标，如图 1–23。如要展开某个面板，可直接单击其图标或面板名称标签；如果要隐藏某个已经展开的面板，则再次单击其图标或双击其名称标签即可。

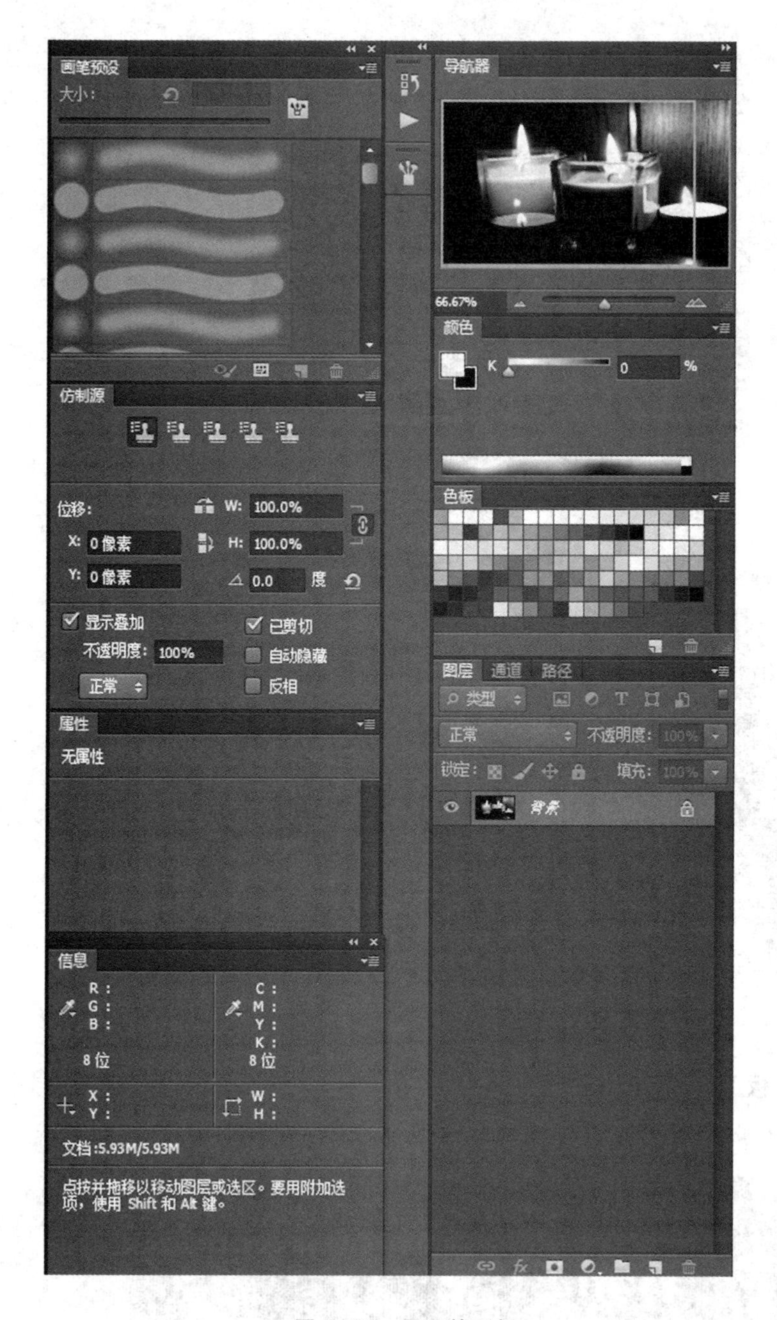

图 1-22　展开的面板

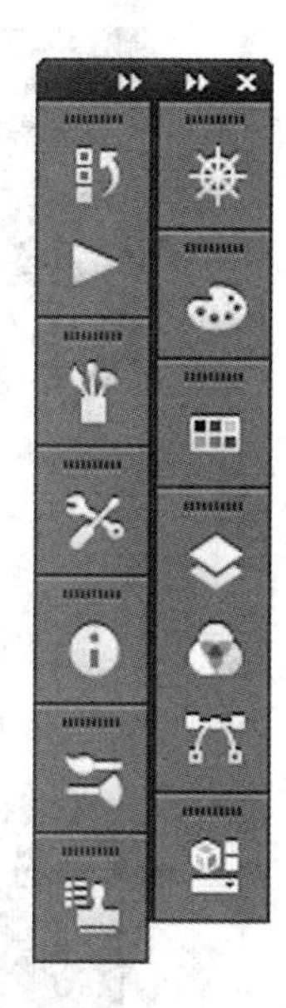

图 1-23　收缩的面板

3.5.3　组合面板

由于面板众多，如果每个面板都独占一块窗口区域，编辑图像的区域就会减少。因此，Photoshop 提供了组合面板的功能，即可以将多个面板组合在一起占用一个面板的位置，当需要某个面板时，单击其名称标签即可显示出来。

操作方法：拖动一个面板的标签至目标面板上，直到目标面板呈蓝色加亮模式时松开鼠标即可。如图 1–24。

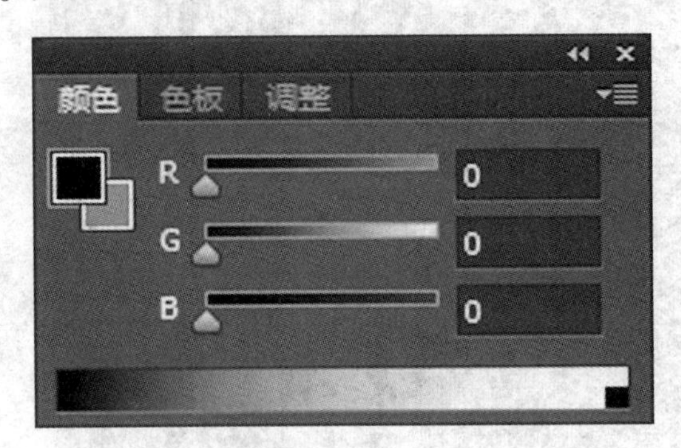

图 1–24　组合面板

3.5.4　拆分面板

用鼠标指针选中某个面板的图标或标签，并将其拖到工作区中的空白区域，即可将该面板拆分出来。如图 1–25。

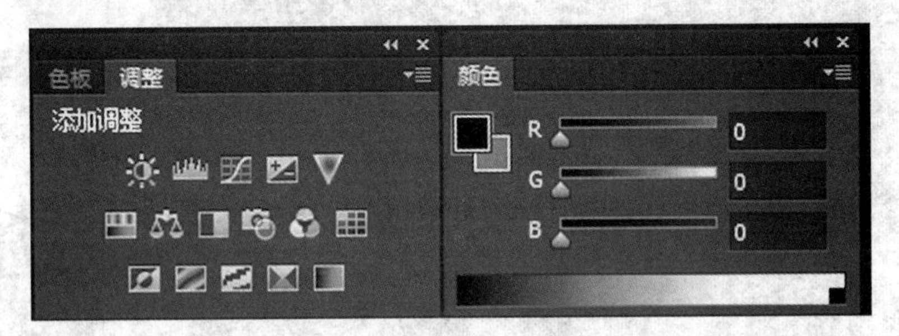

图 1–25　拆分面板

3.5.5　调换面板组合位置

用鼠标按住面板名称标签左右拖动可以改变面板的左右顺序。如图 1–26。

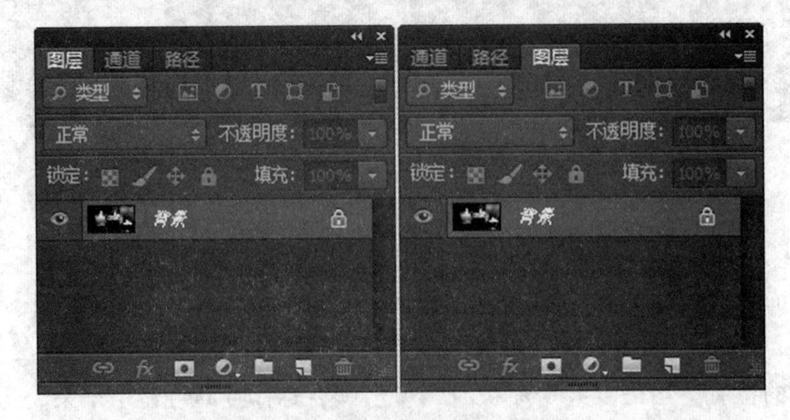

图 1–26　调换位置的图层面板

3.5.6 图像编辑窗口

图像编辑窗口由三部分组成：选项卡式标题栏、画布、状态栏。如图 1-27。

图 1-27 图像编辑窗口

1. 选项卡式标题栏

在 Photoshop 中，每打开一个图像文件，图像编辑窗口的标题栏便会增加一个选项卡，若要显示已经打开的某幅图像，只要单击对应的选项卡即可。标题栏中每一个选项卡中显示的内容有：图像文件名、显示比例、当前图层名称、颜色模式、颜色位深度等信息及文件关闭按钮。

2. 画布

画布区域是用来显示、绘制、编辑图像的区域。

3. 状态栏

状态栏中，最左边显示当前图像比例，可在此输入数值来改变图像的显示比例，中间部分默认显示当前文档大小，前面数字代表的是将所有图层合并后的图像大小，后面的数字代表的是当前未经压缩包含图层、通道、路径等的图像大小。如图1-28。

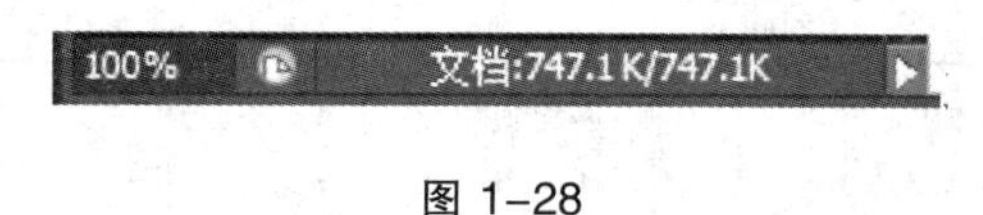

图 1-28

3.6 “图层”面板

图层是个很重要的概念，它是图像的重要构成元素，也是 Photoshop 学习中的重点内容。可以将不同的对象放到不同的图层中进行独立操作，每个图层都可以看成是一张有独立图像信息的透明胶片，当多个有图像的图层上下叠加在一起，透过上边图层的透明区域可以看到下边图层中的图像，这样便形成了图像的整体效果。这种构图理念既有利于对图像整体的把握，又易于对每个图层中的图像分别进行加工处理，从而可以灵活地制作出各种图像效果。

在 Photoshop 中图层的显示和操作都可以通过“图层”面板来进行。如果 Photoshop 窗口中没有显示“图层”面板，选择“窗口→图层”命令，可打开“图层面板”。

3.6.1 认识“图层”面板

图层面板是管理图层的主要场所，各种图层操作基本上都可以在“图层”面板中实现。“图层”面板的各重要组成如图 1-29。

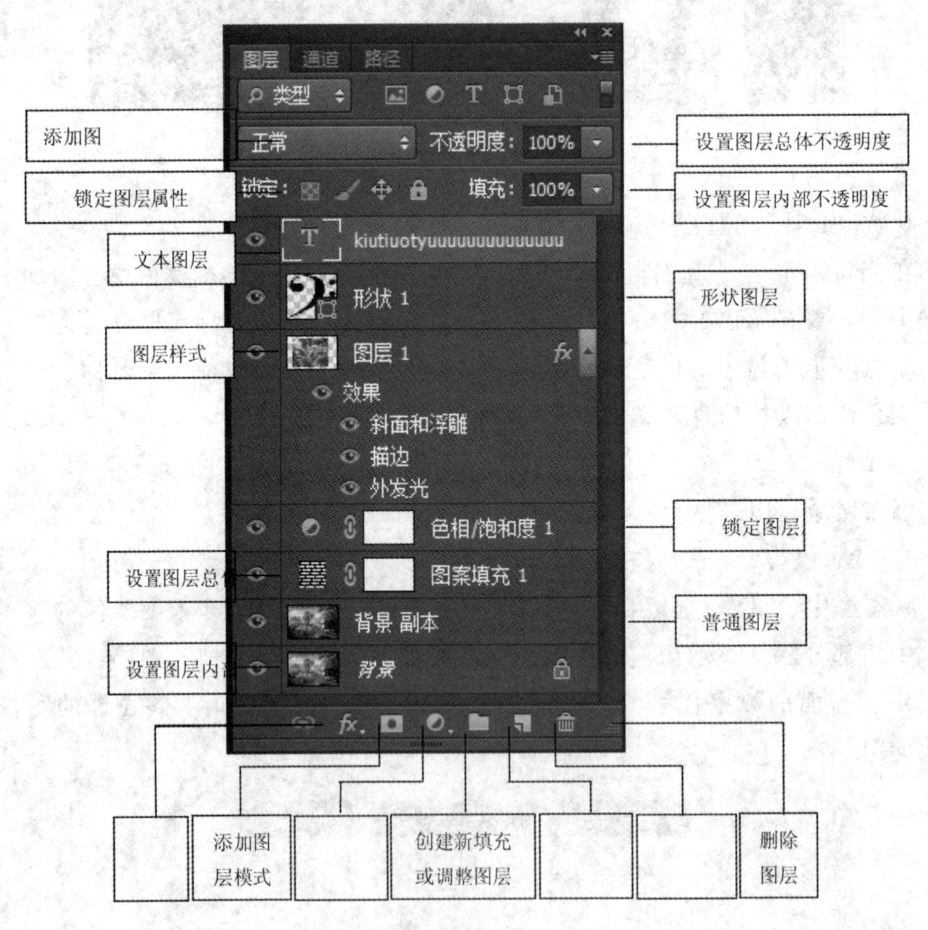

图 1-29 “图层”面板

3.6.2 创建图层

在 Photoshop 中，可以创建多种类型的图层。不同的图层有不同的功能和用途，在“图层”面板中的显示状态也不同。

1. 创建普通图层

普通图层是组成图像最基本的图层，对图像的所有操作在普通图层上几乎都可以进行。新建的普通图层是完全透明的，可以显示下一图层的内容。

方法：

- 选择菜单“图层→新建→图层”命令，弹出如图 1-30 所示的“新建图层”对话框，可以设置图层的名称、颜色、模式及不透明度。
- 直接单击“图层”面板底部的“创建新图层”按钮，可在当前层的上方以默认设置创建一个新图层。
- 按键盘上的 Shift+Ctrl+N 快捷键。

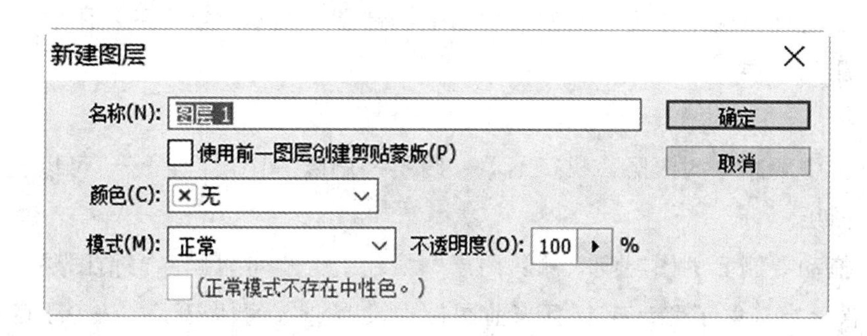

图 1-30 “新建图层”对话框

2. 创建文字图层

文字图层是使用横排或直排文字工具添加文字时自动创建的一种图层。文字进行变形后，文字图层将显示为变形文字图层。

文字图层可以进行移动、复制、堆叠等操作，但在文字图层中很多编辑命令和工具都无法使用，必须选择菜单中的“图层→栅格化→文字”命令或者右键单击该图层，选择“栅格化”图层命令，将文字图层转换为普通图层后才能使用。

3. 创建形状图层

形状图层是使用形状工具创建图形后自动建立的一种矢量图层。当执行“图层→栅格化→形状”命令或者右键单击该图层，选择“栅格化”图层命令后，形状层将被转换为普通图层。

4. 创建填充图层或调整图层

填充图层是一种使用纯色、渐变或图案来填充的图层。通过使用不同的混合模式和不透明度来实现特殊效果。填充图层作为一个单独的图层可随时被删除或修改，不影响图像本身的像素。

调整图层是一种只包含色彩和色调信息，不包含任何图像的图层。通过编辑调整图层，可以任意调整图像的色彩和色调而不改变原始图像。

单击“图层”面板底部的“创建新的填充或调整图层”按钮，从弹出的菜单中选择相应的命令，可以创建相应的填充或调整图层。

3.6.3 图层的基本操作

1. 复制图层

方法：

- 选中要复制的图层，选择菜单“图层→复制图层”命令，弹出“复制图层”对话框，可以在本图像内或不同图像间复制图层。
- 拖动要复制的图层至“图层”面板底部的“创建新图层”按钮上，也可以复制该图层，在该层上方会增加一个带有“副本”字样的新图层。

2. 删除图层

方法：

- 选中要删除的图层，执行菜单“图层→删除→图层”命令，可以删除当前图层。
- 拖动要删除的图层到“删除图层”按钮上，也可以删除当前图层。

注意：在选取了移动工具且当前图像中没有选区的情况下，按 Delete 键，也可以删除图层。

3. 调整图层的排列顺序

方法：

- 在“图层”面板中，拖动要调整排列顺序的图层，当粗黑线条出现在目标位置时，松开鼠标即可。
- 选择要调整排列顺序的图层，选择菜单“图层—排列”子菜单中的命令可进行准确的调整。如图1-31。

置为顶层(F)	Shift+Ctrl+]
前移一层(W)	Ctrl+]
后移一层(K)	Ctrl+[
置为底层(B)	Shift+Ctrl+[
反向(R)	

图 1-31 “排列”菜单的子菜单

4. 图层的链接

将图层建立链接后，可以同时对链接的多个图层进行移动、变换、对齐、分布等操作。被链接的图层将保持关联，直到各个图层的链接取消。

- 链接图层：按 Ctrl 键或 Shift 键，选取多个不连续的或连续的图层，单击“图层”调板底部的“链接图层”按钮即可。
- 取消图层链接：选中要取消链接的图层，再次单击“链接图层”按钮即可。
- 链接图层的对齐：选择被链接成一组的图层中的任意一个图层，选择菜单“图层→对齐”子菜单中的命令，会使链接到一起的图层以当前图层为基准，按某种方式对齐。如图 1-32 所示。

- 链接图层的分布：选择链接成一组的图层（3 个或 3 个以上）中的一个图层，选择菜单“图层→分布”子菜单中的命令，会使链接到一起的图层按某方式实现间隔均匀地分布。如图 1-33 所示。

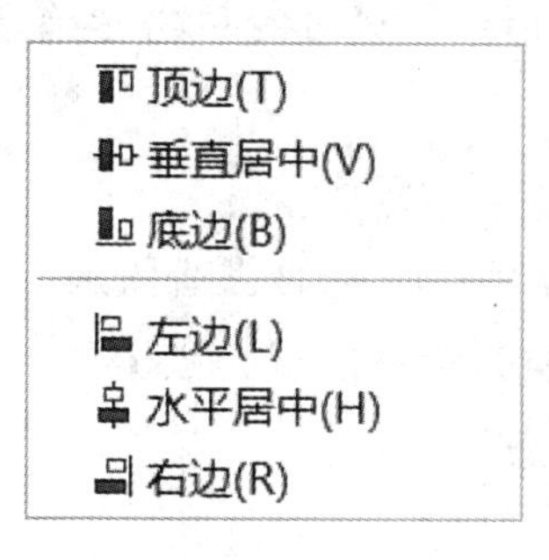

图 1-32 “对齐”菜单的子菜单

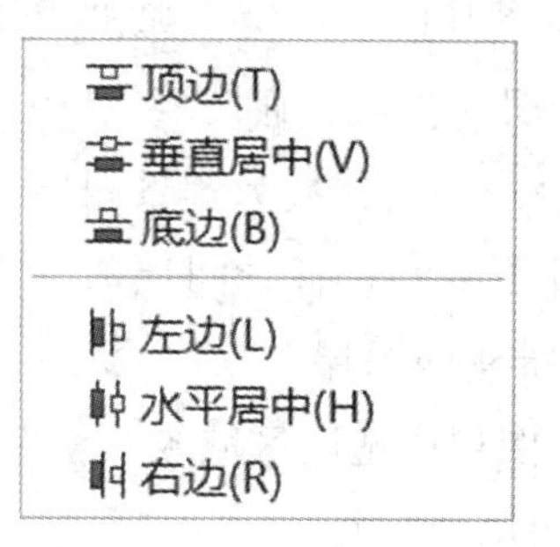

图 1-33 “分布”菜单的子菜单

5. 将选区转换为图层

在图像中创建选区，选择菜单“图层→新建→通过拷贝的图层”命令或按组合键 Ctrl+J，可以将选区内的图像复制生成一个新图层。如图 1-34。若图像中没有选区，则复制当前层。

在图像中创建选区，选择菜单“图层→新建→通过剪切的图层”命令或按组合键 Ctrl+Shift+J，可以将选区内的图像剪切生成一个新图层。如图 1-35。

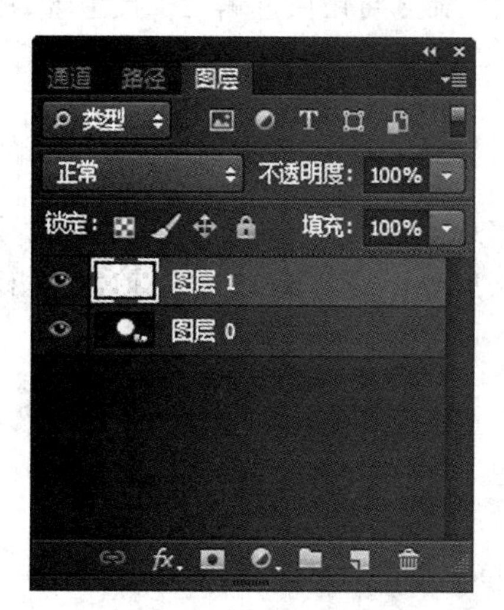

图 1-34 “通过复制的图层”创建的图层

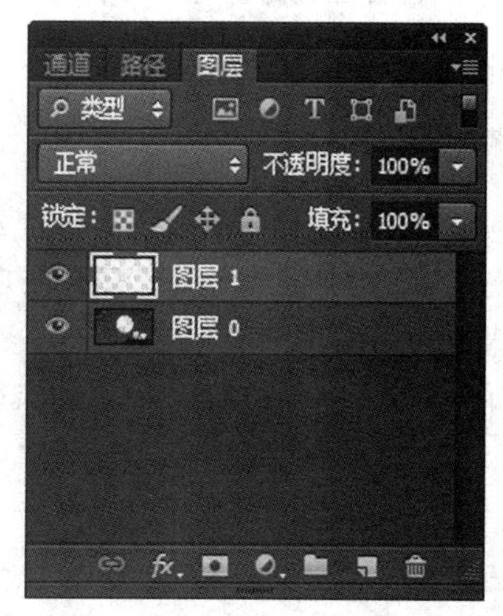

图 1-35 “通过剪切的图层”创建的图层

6. 背景图层与普通图层之间的转换

背景图层是以“背景”命名，用做图像背景的特殊图层。背景图层始终位于图像的最底层且不透明。许多操作在背景图层中不能完成，如缩放、移动、更改背景图层的堆叠顺序等。背景图层与普通图层可以相互转换。

- 背景图层转换为普通图层

选中背景图层，选择菜单“图层→新建→背景图层”命令或直接双击“图层”面板中的“背景”图层，弹出“新建图层”对话框，设置后单击“确定”，就可将背景图层转换为普通图层。

- 普通图层转换为背景图层

当图像中没有背景图层时，选中要转换为背景图层的普通图层，执行菜单“图层→新建→图层背景”命令可将普通层转换为背景图层，该图层自动移至底层，并且图层中透明区域被当前背景色填充。

7. 图层的合并

在图像编辑过程中，可将编辑好的几个图层合并便于存储和操作。

- 向下合并：将当前层与其下面的一个图层合并。如果选中了多个图层，“向下合并”命令变为“合并图层”，会将选中的多个图层合并为一个层。
- 合并可见图层：将图像中所有可见的图层合并为一个图层，隐藏的图层不受影响。
- 拼合图层：用于将所有可见图层拼合为背景图层，所有分层信息将不被保存，大大减少图像文件的大小。与以上图层合并命令不同，对于所有图层中透明区域的重叠部分，“拼合图层”命令将用白色填充，且隐藏的图层会丢失。

3.7 “通道”面板

通道是用于存储图像颜色信息和选区信息等不同类型信息的灰度图像，可以针对每个通道进行色彩调整、图像处理、添加各种滤镜等操作，从而制作出特殊的效果。

如果Photoshop窗口中没有显示“通道”面板，选择“窗口→通道”命令，可打开“通道”面板。

3.7.1 通道的类型

通道主要有三类，分别是颜色通道、Alpha通道和专色通道。

1. 颜色通道

颜色通道的数量由颜色模式决定。RGB模式的图像有4个颜色通道，CMYK模式的图像有5个颜色通道，Lab模式的图像有4个颜色通道。如图1-36。

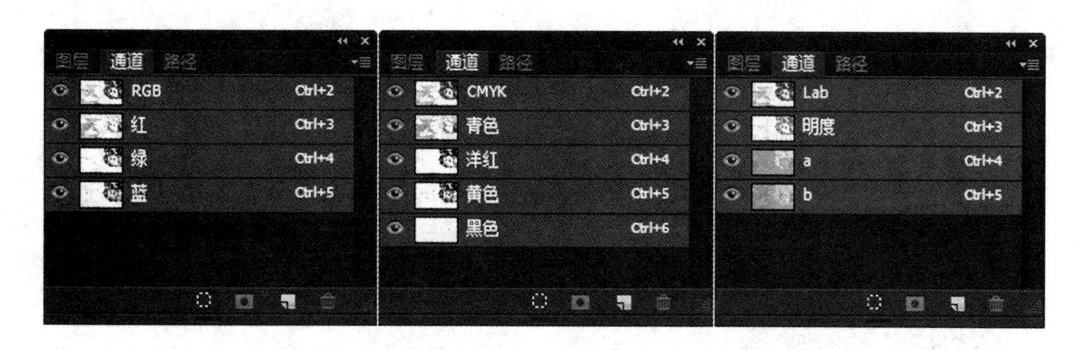

图 1-36 RGB、CMYK、Lab 颜色模式的颜色通道

其中，最上方的是复合通道（如 RGB 通道），用于查看图像颜色综合信息；复合通道的下面是各原色通道（如红、绿、蓝），用于保存各种单色信息。每个原色通道都是一幅 8 位灰度图像，每个通道只有黑白灰三种颜色（RGB 图像用黑白灰来表示颜色的有无：白表示有、灰表示不同程度的有、黑表示没有）。所有原色通道混合在一起时便可形成图像的彩色效果，也就构成了彩色的复合通道。

单独对某一原色通道进行色彩色调的调整或滤镜的应用，以达到图像色彩色调的调整或特效制作的效果。

2. 专色通道

专色通道用来指定用于专色油墨印刷的附加印版，如在使用 UV、烫金、烫银等特殊印刷工艺时，要使用专色通道。

3. Alpha 通道

用来建立、保存与编辑选区。在 Alpha 通道中，选区被作为 8 位灰度图像保存，其中的黑白灰色代表着是否被选取。在默认情况下，白色表示被完全选取，灰色表示可被不同程度选取，而黑色表示未被选取。

3.7.2 “通道”面板介绍

利用“通道”面板可以进行新建存储、编辑等基本操作。如图 1-36。

1. 将通道作为选区载入：将通道中颜色较亮的区域作为选区加载到图像中，相当于按 Ctrl 键的同时单击通道。

2. 将选区存储为通道：将当前选区存储为 Alpha 通道。

3. 创建新通道：创建一个新的 Alpha 通道。

4. 删除当前通道：可以删除当前选择的通道。

3.7.3 通道的基本操作

1. 创建新的 Alpha 通道

单击“通道”面板底部的“创建新通道”按钮即可，在“通道”面板中以默认设置创建一个新的 Alpha 通道，该通道在面板中显示为黑色。

2. 将选区存储为 Alpha 通道

在图像中创建选区，选择“选择→存储选区”命令或单击“通道”面板底部的“将选区存储为通道”按钮 ，将选区存储为 Alpha 通道。在生成的 Alpha 通道中白色对应选区内部，黑色对应选区外部。

3. 复制通道

方法：

- 拖动某通道到“通道”面板底部的“创建新通道”按钮 。
- 选中某一通道，选择“通道”面板菜单中的“复制通道”命令，弹出“复制通道”对话框，可以设置通道名称以及复制通道的目标图像。若选中“反相”复制选框，则复制的新通道与原通道相比是反相的，单击“确定”按钮即可复制通道。

4. 分离通道

分离通道是指将图像中每个通道分离为一个个大小相等且独立的灰度图像，对图像进行通道分离后原文件被关闭。

方法：

- 选择“通道”面板菜单中的“分离通道”命令，即可将通道分离。

5. 合并通道

合并通道是将多个具有相同像素尺寸、处于打开状态的灰度模式的图像作为不同的通道，合并到一个新的图像中，是分离通道的逆操作。

3.8 “时间轴”面板

动画是在某一段时间内以帧形式显示的一系列图像。每帧之间变化很小，当连续、快速显示这些帧时就会让人感觉到运动与变化。

Photoshop CS5 中的动画功能是通过“动画”面板实现的，而 Photoshop CS6 中的动画功能则需通过“时间轴”面板来完成，这也是所有动画软件的基本功能。

打开方式：选择菜单“窗口——时间轴”命令即可打开“时间轴”面板，如图 1-37。其中各按钮的主要功能如下：

- “选择循环选项”：设置动画在作为 GIF 文件导出时的播放次数。
- “选择第一帧”：选择现有帧的第一帧。
- “选择上一帧”：选择当前帧的上一帧。
- “播放动画”：从时间轴的第一帧播放到最后一帧。
- “选择下一帧”：选择当前帧的下一帧。

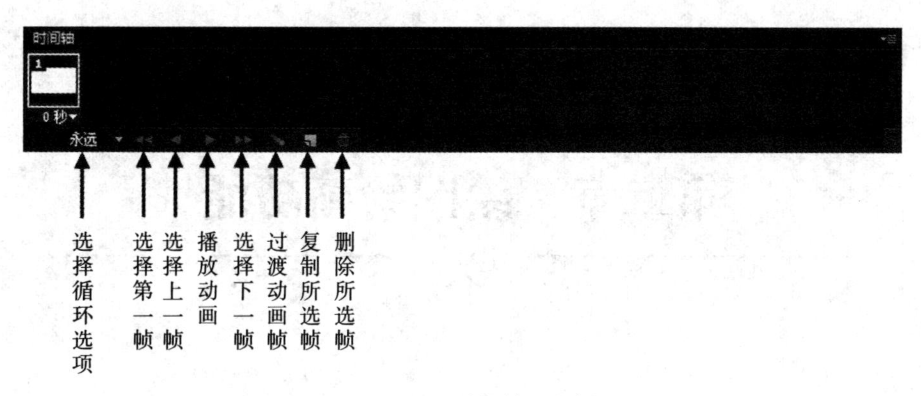

图 1-37 “时间轴”面板

- “过渡动画帧”：在两个现有帧之间添加一系列帧，通过插值方法使新帧之间的图层属性均匀。
- “复制所选帧”：通过复制“时间轴”面板中的选定帧以向动画添加帧。
- “删除所选帧”：删除选中的所有帧。

对 Photoshop 有了初步的认识后，将通过案例项目的形式对绘图绘画功能、艺术设计与排版、图形图像的处理、图层分离与动漫应用等功能的学习，来掌握 Photoshop 的基本应用。

第二章 绘图绘画功能

Photoshop 的主要功能是进行图形图像后期处理，但其功能的多样性、自己设置工具的软件二次开发性，使得它在绘图绘画领域也处于首屈一指的地位。本章节首先介绍 Photoshop 相对于其他绘图软件的特点，接着用单线平涂绘画表现、照片效果绘制、绘本表现这三个案例带入讲解，这些案例结合绘画工具详解都有详细的步骤分析。案例项目实训结束后有相应的项目拓展训练使读者对 Photoshop 的操作更加熟练。

第一节 Photoshop绘画功能及其特点

1.1 Photoshop绘画的特点

Photoshop 在进行绘画时，主要是处理位图，即以像素所构成的数字图像。Photoshop 不是单一的绘画软件，它有很多功能。它在图像、图形、文字、视频、出版等各方面都有涉及，这让它的绘画功能更多元化，在绘画时能结合使用不同功能创作出不同的效果。Photoshop 预设的工具组合的非常巧妙，理论上不用通过任何拓展，单纯利用软件自带的笔头、滤镜、图案就能完成你能想到的所有效果。此外在绘画过程中需要用到滤镜等图像处理功能时，就能体现出 Photoshop 作为专业的图像处理软件的专业性来。Photoshop 的图像处理算法执行效率极高，操作都能实时预览，这一点，其余绘画软件只能望其项背。Adobe Photoshop 提供多个用于绘制和编辑图像颜色的工具，不仅体现在笔刷和滤镜库的强大，用户还可以自己设置工具，这基本上算是软件的二次开发了，并且 Photoshop 还能与 Adobe 公司的各大软件比如Premiere、Illustrator 等无缝连接，还可将用户的个性化设置同步到云端，这些功能都非常人性化。

1.2　绘画工具应用

在 Photoshop 绘画中会涉及到的工具，虽然有些不经常使用，但是它们的功能却是不可替代的，有必要值得去了解和掌握。

绘画类的工具位于工具栏第一条和第二条横线之间，下面通过实际案例讲述工具的使用。

项目名称：画笔色彩切换

如图 2–1 中，用画笔工具将背景换成黄色。

项目步骤：

1. 首先认识画笔工具。Photoshop 提供的原始画笔就可以满足平时练习绘画的需求，也可以在网上下载更多画笔或自己创建画笔。选择画笔工具后右键单击画布上任意一处，可以看到画笔的各参数设置。这里画笔的大小和硬度都是默认值，可以通过输入数值或左右滑动小标记去调节画笔的大小和硬度。如图 2–2。画笔调大调小的快捷键分别是键盘上的中括号键]和[。

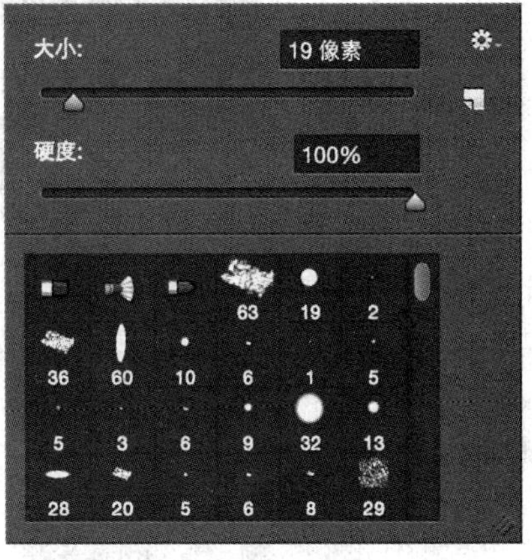

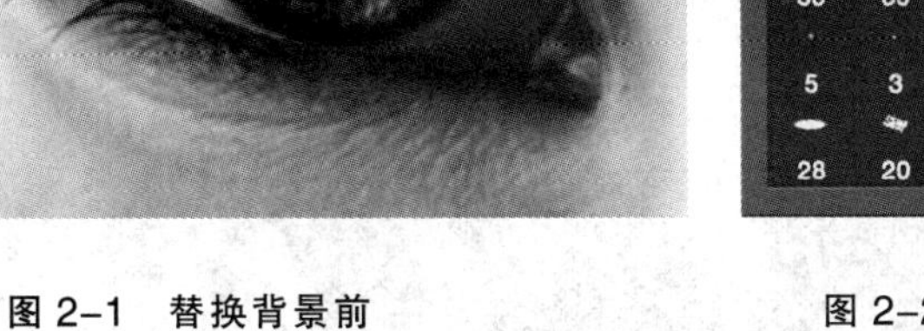

图 2–1　替换背景前　　图 2–2　画笔大小和硬度设置

2. 在菜单栏“窗口”中调出“画笔”面板，对画笔的属性进一步细致调节，将画笔硬度调节到 0，关闭笔尖动态里面除了“钢笔压力”之外的其他控制。如图 2–3。

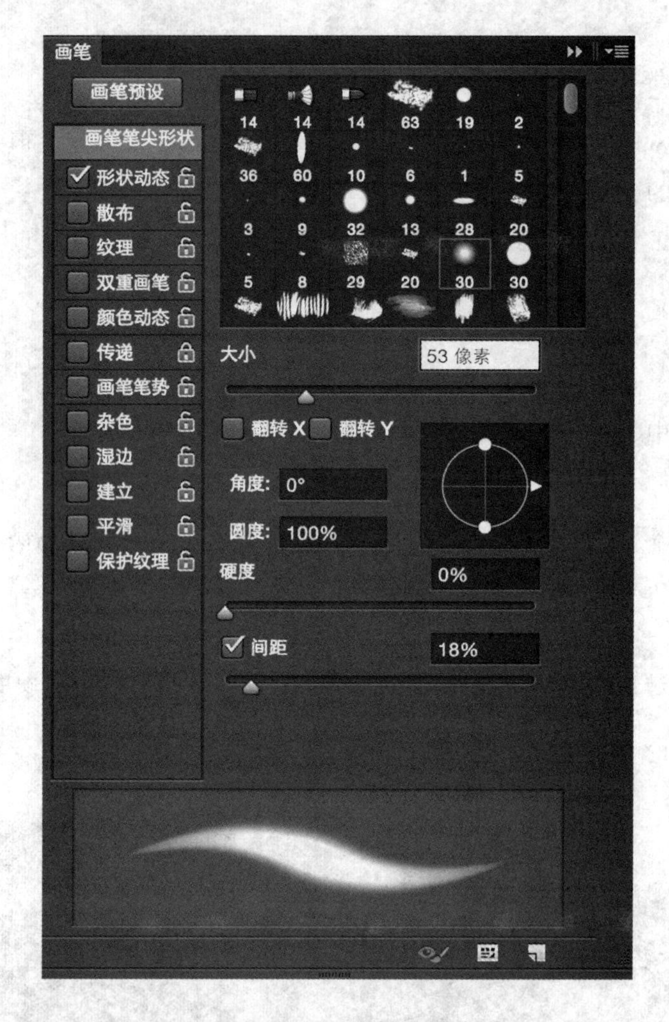

图 2-3　画笔面板

3. 将前景色选择为黄色，对背景进行涂抹，靠近皮肤的地方要仔细涂抹。如图 2-4。

图 2-4　更改背景后

4. 这时画面的背景就变成了黄色，达到了想要的效果。画笔在 Photoshop 里默认的快捷键是 B，画笔的子工具栏下还有铅笔工具、颜色替换工具、混合器画笔工具。铅笔工具相对画笔工具来说，绘制的线条边缘较实较硬，而画笔工具的边缘是有一定的过度的，所以一般构图、勾线框可以用到铅笔工具，但是上色就需要用画笔工具了。

项目名称：画面色彩局部替换

如果要将图 2-1 中女孩眼睛的颜色改变，并保留其细节，这时就不能用画笔工具。画笔工具会直接用前景色覆盖眼球，达不到想要的效果，这时就需要用到颜色替换工具。

操作方法：

1. 选择颜色替换工具。
2. 将前景色调成眼球要修改的颜色：选择绿色。
3. 涂抹要替换颜色的地方：瞳孔，完成效果如图 2-5。

图 2-1　替换背景前

图 2-5　颜色替换工具效果

将一张图片中的某一块地方的颜色替换成另一种颜色，而保留它的细节变化，都会用到颜色替换工具。颜色替换工具可快速将选定颜色替换成新颜色。混合器画笔工具的相关设置也一样，可以多实践操作。

项目名称：画面修复——污渍去除

如果不小心在照片上划了一条线，要去除这一条错误的线或点时，就需要用到污点修复画笔工具。如图 2-6。

操作方法：

1. 选择污点修复画笔工具。污点修复画笔工具是 Photoshop 中处理照片常用的工具之一，利用污点修复画笔工具可以快速去除照片中的污点和其他不理想部分。

2. 用污点修复画笔工具涂抹图 2-6 中的那条线，处理后变成图 2-7。

图 2-6 去划痕前

图 2-7 污点修复画笔效果

3. 另一个修复画笔工具，跟仿制图章工具类似，就不做赘述了。修补工具，是使用选中的图像来修补替换选中的区域的工具，它会将原区域和目标区的纹理、明暗等相匹配。红眼工具，一般在处理照片时使用，可很好地消除拍照产生的红眼。内容感知移动工具，可以将图片中多余部分物体去除，同时会自动计算和修复移除部分，从而实现更加完美的图片合成效果，也是用来处理照片的工具。

项目名称：画面擦除与抠图

要将图中的某一部分擦除，就需要用到橡皮擦工具。如将图 2-1 中的眼睛部分擦除。

方法如下：

1. 选取橡皮擦工具。橡皮擦工具是 Photoshop 软件常用的工具，它的使用方法比较简单，不过，如果运用的好，也能起到神奇的效

图 2-8 橡皮擦工具示例

果。选中要擦除的图像所在的图层。

2. 用橡皮擦工具涂抹眼睛的部分。如图 2–8。

3. 通过画面可以看到，橡皮擦工具的作用是用来擦去不要的某一部分。这里要注意的是，如果要擦去背景图层的话，那它擦去的部分就会显示设定的背景色颜色（如背景色为红色，它的擦去部分也是红色），如果设置为普通图层，擦掉的部分会变成透明区显示（即马赛克状）。

4. “橡皮擦工具”的属性栏的使用：

（1）可设置“橡皮擦工具”的大小以及它的软硬程度。

（2）模式：模式有三种，即“画笔”、“铅笔”和“块”。如果选择“画笔”它的边缘显得柔和，也可改变“画笔”的软硬程度；如选择“铅笔”，擦去的边缘就显得尖锐；如果选择的是“块”，橡皮擦就变成一个方块形状。

（3）使用“橡皮擦工具”模式中“画笔”后的“不透明度”，如果在原有图片上再加一张图片，使用“橡皮擦工具”，“不透明度”设定为 100%，擦图时就可以 100%地把后图擦除；如果“不透明度”设定为 50%，再擦图时就不能全部檫除而呈显透明的效果。

5. 橡皮擦工具在键盘上的快捷键是 E，工具栏里还有背景色橡皮擦工具、魔术橡皮擦工具。使用“背景色橡皮檫工具”，擦除的对象是鼠标中心点所触及到的颜色，如果把鼠标放在图片某一点上，所显示擦头的位置就变成鼠标中心点所接触到的颜色，如果把鼠标中心点接触到图片上的另一种颜色时，“背景色”也相应变更。背景橡皮擦除画笔形状外，中间还有一个十字叉，擦物体边缘的时候，即便画笔覆盖了物体及背景，但只要十字叉是在背景的颜色上，就只有背景会被删掉而物体不会。“魔术橡皮擦工具”比较类似于工具栏中的“魔棒工具”，“魔棒工具”是选取色块用的，“魔术橡皮擦工具”就是选取后擦除该区域用的。此外还有仿制图章工具、图案图章工具以及历史记录画笔、图案记录画笔工具、渐变工具、油漆桶工具、3D 材质拖放工具、模糊工具、锐化工具、涂抹工具、减淡工具、加深工具、海绵工具，这些工具后面要用到时会详述。

1.3　画笔设置实例

Adobe Photoshop 提供多个用于绘制和编辑图像颜色的工具。画笔工具和铅笔工具与传统绘图工具的相似之处在于它们都使用画笔描边来应用颜色。橡皮擦工具、模糊工具和涂抹工具等工具都可修改图像中的现有颜色。在这些绘画工具的选项栏中，可以设置图像应用颜色的方式，并可从预设画笔笔尖中选取笔尖。要注意的是，绘图类工具在使用中都有笔刷的应用，不同笔刷做出来的效果也不相同，如果对笔刷的设定不甚明了，在使用绘图工具的过程中可能会遇见难以理解的现象，因此请务必先理解笔刷的使用。

当选中画笔工具时，在属性栏会看到如图 2-9 所示界面。

图 2-9　画笔菜单栏

鼠标左键单击红色编号“1”所指部位，可在已有的工具预设里选择。单击“2”所指会出现图 2-2（见 27 页），与右键单击画布任意一处一样。单击“3”可以调出“画笔”窗口，后面会详细介绍画笔窗口。单击“4”可选择画笔的模式。单击“5”可以调节不透明度，也可通过输入具体数值和拉动标记点来调节不透明度，不透明度越小，画笔就越透明越轻。单击“6”是打开和关闭画笔压力，在画笔窗口里也可进行调节。单击“7”可以控制流量，一般情况下，可以将流量视为不透明度的二级控制，但流量与不透明度有一定的区别，不透明度是指画笔画出来的整体效果，如果将不透明度调低，那么这一笔上所有像素点的不透明度都会降低。流量不会降低画笔的不透明度，只会减少画笔原始流出像素的数量。大家可以通过实践来体会二者的区别。

要设置出如图 2-10 中的画笔效果，就要应用到画笔预设。

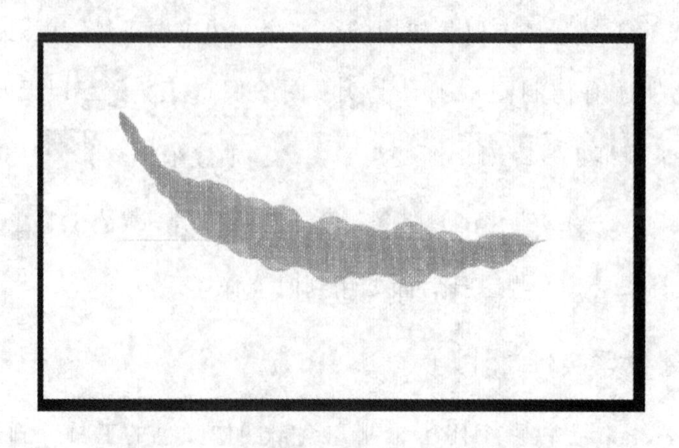

图 2-10　画笔效果

操作方法：

1. 新建图层，选择画笔工具。点击“窗口–画笔”，调出画笔窗口。如图2–11。

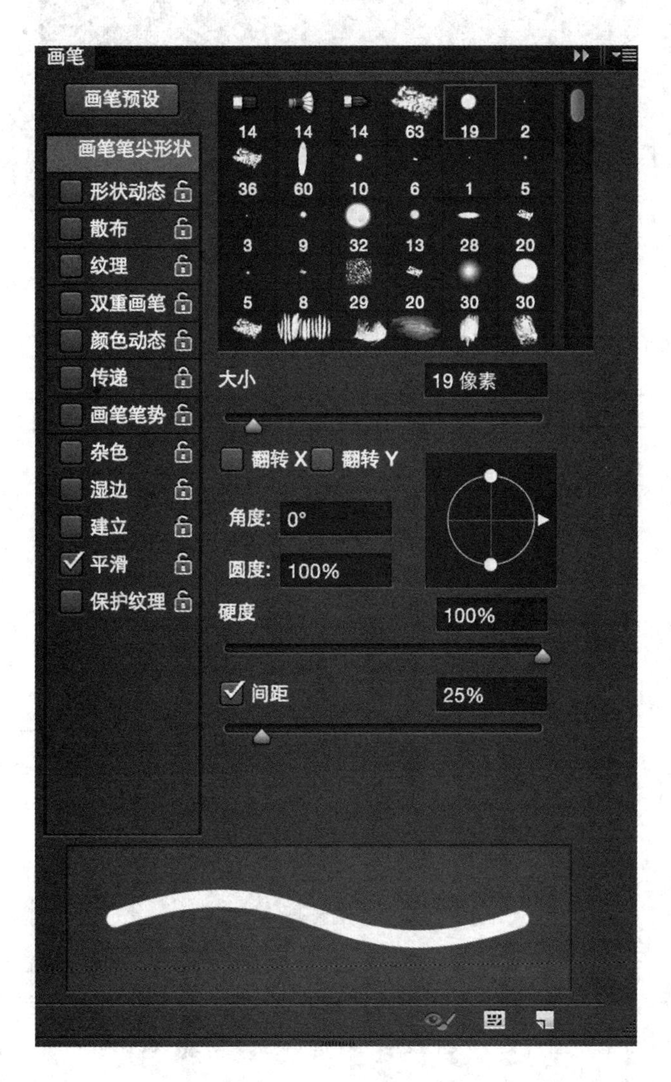

图 2–11　默认画笔设置

2. 勾选“形状动态”，并点开进行调节。如图 2–12。这时会发现，画笔两边变得细且淡，勾选“大小抖动”与“角度抖动”会使画笔有粗细变化。

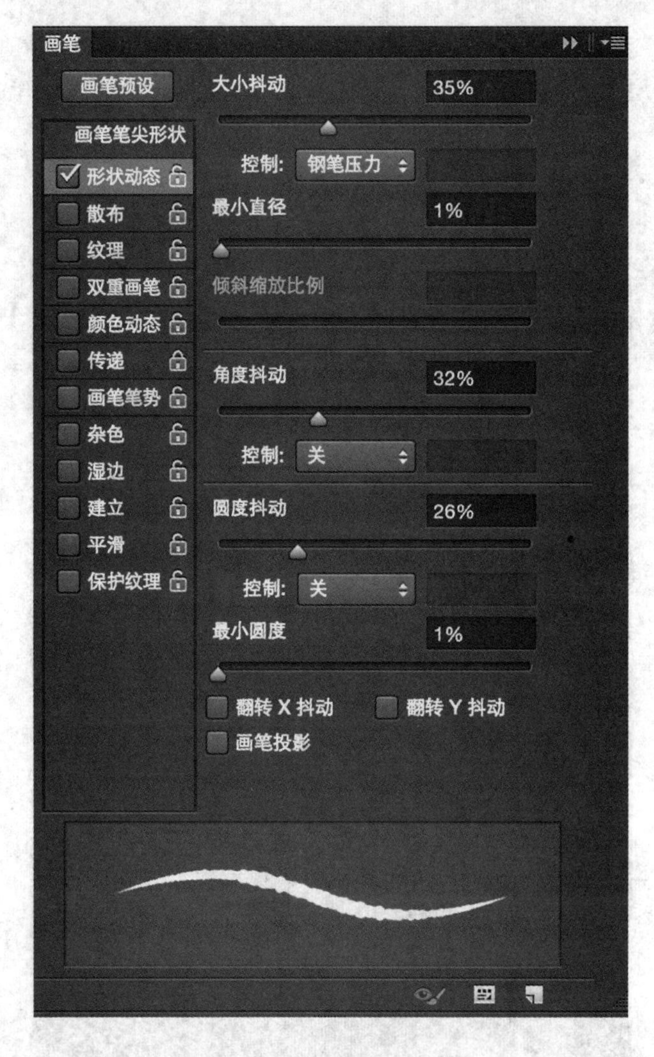

图 2-12　笔尖形状动态设置

3. 再勾选“纹理”并点开进行设置。数值如图 2-13。

4. 除了默认的纹理外还可以选择其他纹理，点开纹理缩略图右边的下拉三角形，会出现纹理菜单。如图 2-14。

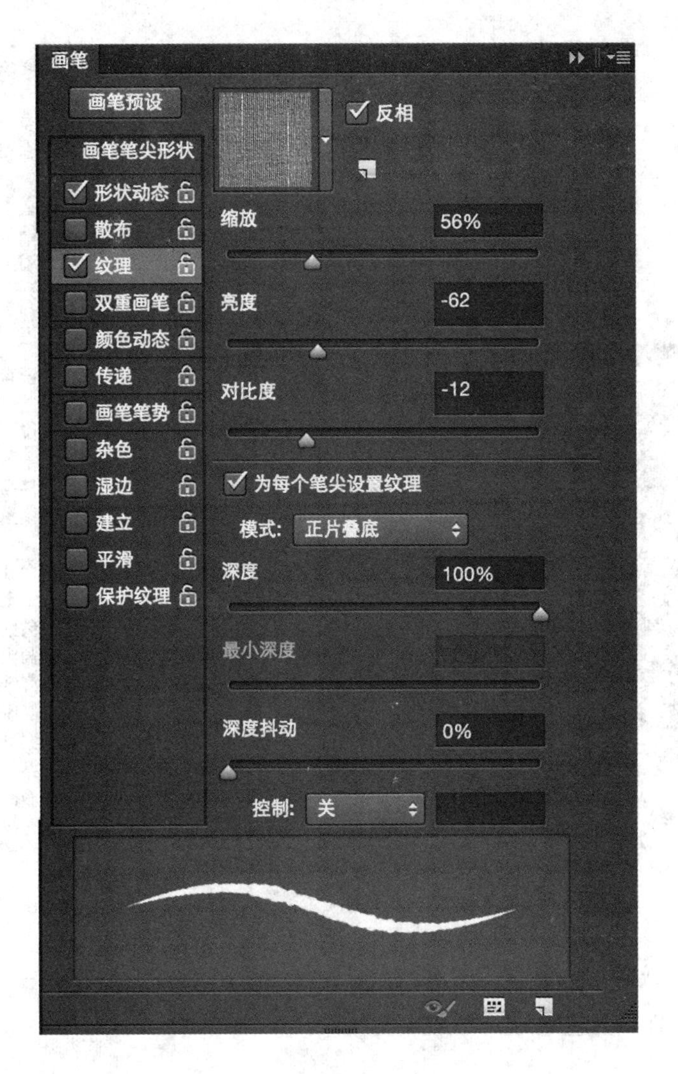

图 2-13　笔尖纹理设置

5. 图 2-14 中是默认的纹理菜单，可以点击右边的设置图标，去加载更多的纹理，如图 2-15。这里还可以更改画笔显示的方式，比如“仅文本”、“大缩览图”、“小缩览图”等等，加载的素材 Photoshop 默认提供艺术表面、艺术家画笔画布、彩色纸、侵蚀纹理等多种纹理。

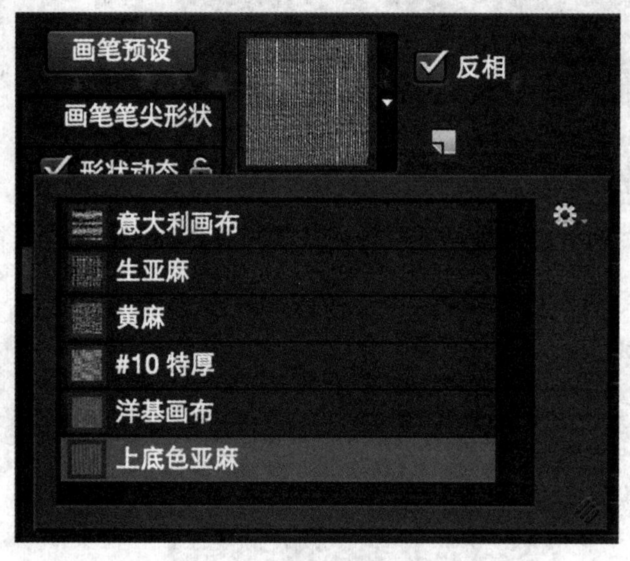

图 2-14　笔尖纹理选择图

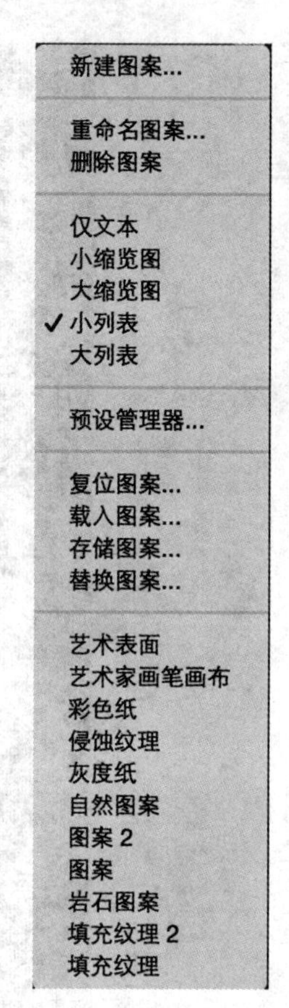

图 2-15　加载笔尖纹理

6. 选择好纹理后，画笔设置就完成了。选择图层，然后涂抹一笔看看画笔效果，这里选择的“上色底亚麻”纹理。如图 2-10。

1.4　混合模式说明与示例

选项栏中指定的混合模式控制图像中的像素如何受绘画或编辑工具的影响，在想象混合模式的效果时，从以下颜色考虑将有所帮助：

1. 基色是图像中的原稿颜色。
2. 混合色是通过绘画或编辑工具应用的颜色。
3. 结果色是混合后得到的颜色。

如图 2-16，在黄色方框外的地方选取，新建一个图层，用油漆桶泼色。这里选择的颜色为 #274550。泼色后如图 2-17，各种混合模式示例图如图2-18。

图 2-16 原图

图 2-17 泼色后

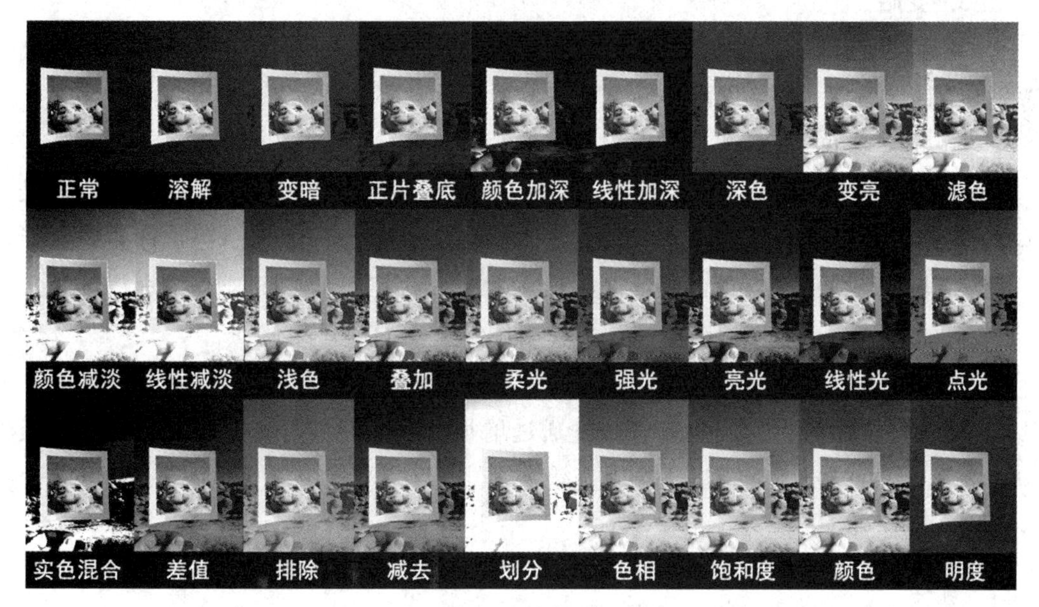

图 2-18 混合模式示例

混合模式说明：

从选项栏的“模式”弹出式菜单中进行选取。注意，仅“正常”、“溶解”、“变暗”、“正片叠底”、“变亮”、“线性减淡（添加）”、“差值”、“色相”、

"饱和度"、"颜色"、"明度"、"浅色"和"深色"混合模式适用于32位图像。

1. 正常

编辑或绘制每个像素，使其成为结果色。这是默认模式。（在处理位图图像或索引颜色图像时，"正常"模式也称为阈值。）脸上的画笔为正常模式时的效果。

2. 溶解

编辑或绘制每个像素，使其成为结果色。但是，根据任何像素位置的不透明度，结果色由基色或混合色的像素随机替换。

3. 背后

仅在图层的透明部分编辑或绘画。此模式仅在取消选择了"锁定透明区域"的图层中使用，类似于在透明纸的透明区域背面绘画。

4. 清除

编辑或绘制每个像素，使其透明。此模式可用于形状工具（当选定填充区域时）、油漆桶工具、画笔工具、铅笔工具、"填充"命令和"描边"命令。在取消选择了"锁定透明区域"的图层中才能使用此模式。

5. 变暗

查看每个通道中的颜色信息，并选择基色或混合色中较暗的颜色作为结果色。替换比混合色亮的像素，而比混合色暗的像素保持不变。

6. 正片叠底

查看每个通道中的颜色信息，并将基色与混合色进行正片叠底。结果色总是较暗的颜色。任何颜色与黑色正片叠底产生黑色，任何颜色与白色正片叠底保持不变。当您用黑色或白色以外的颜色绘画时，绘画工具绘制的连续描边将产生逐渐变暗的颜色，这与使用多个标记笔在图像上绘图的效果相似。

7. 颜色加深

查看每个通道中的颜色信息，并通过增加二者之间的对比度使基色变暗以反映出混合色，与白色混合后不产生变化。

8. 线性加深

查看每个通道中的颜色信息，并通过减小亮度使基色变暗来反映混合色，与白色混合后不产生变化。

9. 变亮

查看每个通道中的颜色信息，并选择基色或混合色中较亮的颜色作为结果色。比混合色暗的像素被替换，比混合色亮的像素保持不变。

10. 滤色

查看每个通道的颜色信息，并将混合色的互补色与基色进行正片叠底。结果色总是较亮的颜色。用黑色过滤时颜色保持不变，用白色过滤将产生白色。此效果类似于多个摄影幻灯片在彼此之上投影。

11. 颜色减淡

查看每个通道中的颜色信息，并通过减小二者之间的对比度使基色变亮来反映出混合色，与黑色混合则不发生变化。

12. 线性减淡（添加）

查看每个通道中的颜色信息，并通过增加亮度使基色变亮来反映混合色，与黑色混合则不发生变化。

13. 叠加

对颜色进行正片叠底或过滤，具体取决于基色。图案或颜色在现有像素上叠加，同时保留基色的明暗对比。不替换基色，基色与混合色相混来反映原色的亮度或暗度。

14. 柔光

使颜色变暗或变亮，具体取决于混合色。此效果与发散的聚光灯照在图像上相似。如果混合色（光源）比 50% 灰色亮，则图像变亮，就像被减淡了一样；如果混合色（光源）比 50% 灰色暗，则图像变暗，就像被加深了一样。使用纯黑色或纯白色上色，可以产生明显变暗或变亮的区域，但不能生成纯黑色或纯白色。

15. 强光

对颜色进行正片叠底或过滤，具体取决于混合色。此效果与耀眼的聚光灯照在图像上相似。如果混合色（光源）比 50% 灰色亮，则图像变亮，就像过滤后的效果，这对于向图像添加高光非常有用；如果混合色（光源）比 50% 灰色暗，则图像变暗，就像正片叠底后的效果；这对于向图像添加阴影非常有用。用纯黑色或纯白色上色会产生纯黑色或纯白色。

16. 亮光

通过增加或减小对比度来加深或减淡颜色，具体取决于混合色。如果混合色（光源）比 50% 灰色亮，则通过减小对比度使图像变亮；如果混合色比 50% 灰色暗，则通过增加对比度使图像变暗。

17. 线性光

通过减小或增加亮度来加深或减淡颜色，具体取决于混合色。如果混合色（光源）比 50% 灰色亮，则通过增加亮度使图像变亮；如果混合色比 50% 灰色暗，则通过减小亮度使图像变暗。

18. 点光

根据混合色替换颜色。如果混合色（光源）比 50% 灰色亮，则替换比混合色暗的像素，而不改变比混合色亮的像素；如果混合色比 50% 灰色暗，则替换比混合色亮的像素，而比混合色暗的像素保持不变。这对于向图像添加特殊效果非常有用。

19. 实色混合

将混合颜色的红色、绿色和蓝色通道值添加到基色的 RGB 值。如果通道的结果总和大于或等于 255，则值为 255；如果小于 255，则值为 0。因此，所有混合像素的红色、绿色和蓝色通道值要么是 0，要么是 255。此模式会将所有像素更改为主要的加色（红色、绿色或蓝色）、白色或黑色。

注：对于 CMYK 图像，“实色混合”会将所有像素更改为主要的减色（青色、黄色或洋红色）、白色或黑色，最大颜色值为 100。

20. 差值

查看每个通道中的颜色信息，并从基色中减去混合色，或从混合色中减去基色，具体取决于哪一个颜色的亮度值更大。与白色混合将反转基色值，与黑色混合则不产生变化。

21. 排除

创建一种与“差值”模式相似但对比度更低的效果。与白色混合将反转基色值，与黑色混合则不发生变化。

22. 减去

查看每个通道中的颜色信息，并从基色中减去混合色。在 8 位和 16 位图像中，任何生成的负片值都会剪切为零。

23. 划分

查看每个通道中的颜色信息，并从基色中划分混合色。

24. 色相

用基色的明亮度和饱和度以及混合色的色相创建结果色。

25. 饱和度

用基色的明亮度和色相以及混合色的饱和度创建结果色。在无（0）饱和度（灰度）区域上用此模式绘画不会产生任何变化。

26. 颜色

用基色的明亮度以及混合色的色相和饱和度创建结果色。这样可以保留图像中的灰阶，并且对给单色图像上色和给彩色图像着色都会非常有用。

27. 明度

用基色的色相和饱和度以及混合色的明亮度创建结果色。此模式创建与“颜色”模式相反的效果。

28. 浅色

比较混合色和基色的所有通道值的总和，并显示值较大的颜色。“浅色”不会生成第三种颜色（可以通过“变亮”混合获得），因为它将从基色和混合色中选取最大的通道值来创建结果色。

29. 深色

比较混合色和基色的所有通道值的总和并显示值较小的颜色。“深色”不会生成第三种颜色（可以通过“变暗”混合获得），因为它将从基色和混合色中选取最小的通道值来创建结果色。

第二节　单线平涂绘画表现

项目名称：《狮子和木匠》单页插图

项目目的：

1. 通过 Photoshop 绘图工具展示项目“《狮子和木匠》单页插图”的表现过程，使读者在草图、勾线、上色的过程中掌握单线平涂的绘画技巧。

2. 将项目操作、理论讲授与课题训练有机结合，提高读者的构图能力、造型能力、配色意识、上色能力等。

3. 掌握使用 Photoshop 单线平涂的绘画表现手法。

项目要求：

1. 单线平涂绘画表现。

2. 重创意想象、重实践表达、重技术的操作、重点培养造型与上色思维。

3. 理论讲授与实践训练并重。强化对形态、色彩概念上的理解，对抽象形态语言的理解、感受、体验及表现力；运用单线平涂语言传递理解、表现思维想象的能力以及对画面语言的控制力。

目的画面效果图如图 2-19。

图 2-19　单线平涂最终效果

2.1　前期准备

单线平涂的绘画表现，用寓言故事《狮子和木匠》的插图来示范讲解。

故事文本：

“从前有一只狮子，它长得威武雄壮，打起架来十分勇猛，就连老虎看见了都会感到害怕。野兽们商量后，决定推举狮子做百兽之王，这让它感到非常得意。”

仔细阅读文本，接下来进行构思：主要看图中需要出现的元素有哪些，哪些是主体，哪些是陪体，背景怎么构思以及整体的构图。由上图可以看出绘画大概占画面下半部分二分之一多一点。

1. 打开 Photoshop，按照绘本的要求，新建一个文档。如图 2-20。

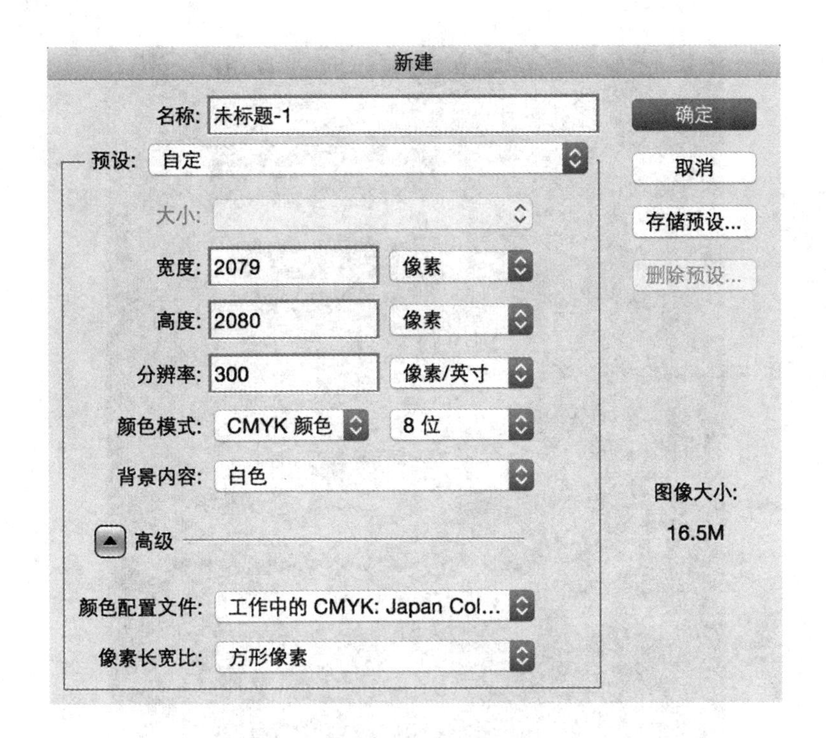

图 2-20

2. 设置宽度和高度为 2079 像素和 2280 像素，因为是要印刷的文件，所以将分辨率设置成 300，点击确定，然后将文字图片输入到已建好的文件中，并将图层命名为“文字”。如图 2-21。

3. 新建一个图层，命名为“草图”。如图 2-22。

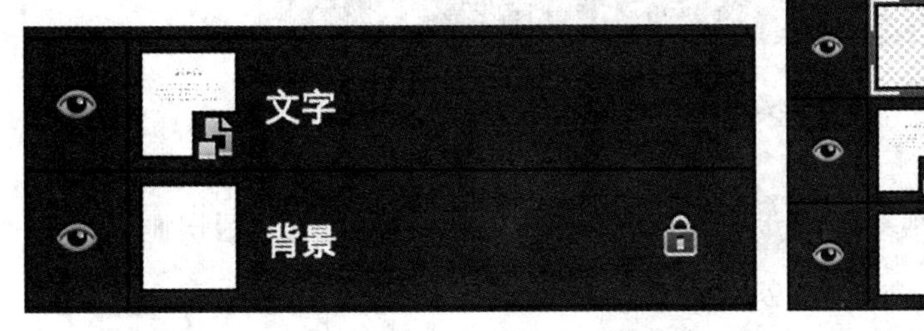

图 2-21　“文字”图层

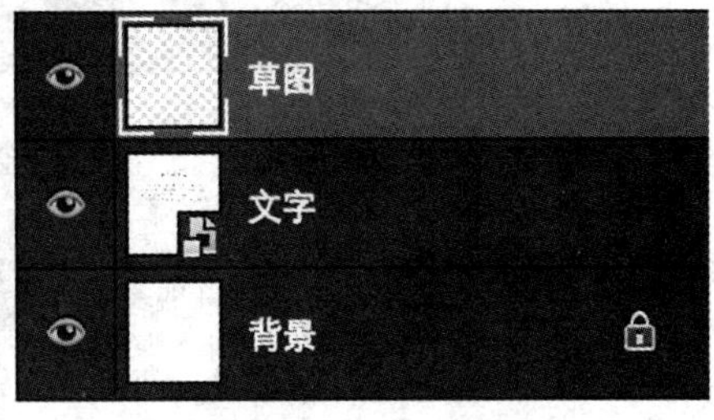

图 2-22　“草图”图层

4. 选择系统自带画笔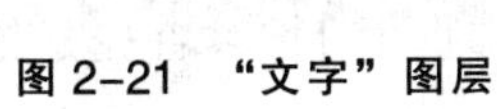，并调整。缩短其笔尖间距，打开传递、平滑，使画笔勾勒出的线条更流畅。形状动态面板里只在控制中打开“钢笔压力”，其余数值都为零。如图 2-23。

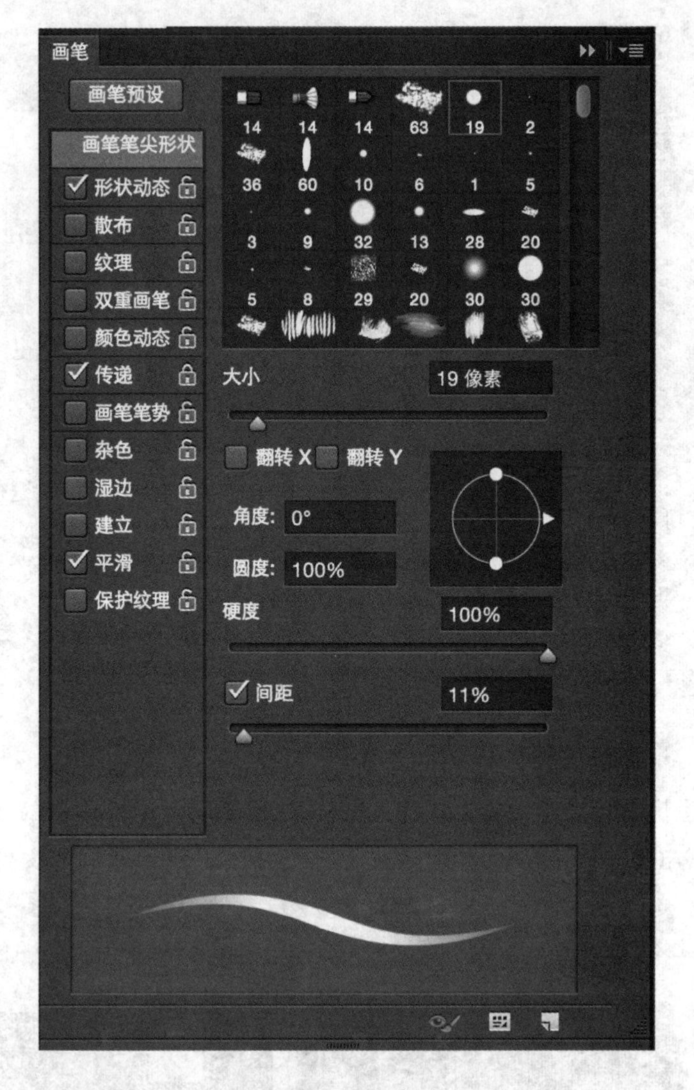

图 2-23 画笔调节

5. 将画笔的透明度调成 30% 不透明度: 30% ，在“草图”图层画一个边框，表示插图所占的区域。如图 2-24。

6. 将画笔的透明度调回 100%，开始画图中出现的动物，首先是绘制狮子。如图2-25。

狮子和木匠

从前有一只狮子，它长得威武雄壮，打起架来十分勇猛，就连老虎看见了都会感到害怕。野兽们商量后，决定推举狮子做百兽之王，这让它感到非常得意。

图 2-24　分区

狮子和木匠

从前有一只狮子，它长得威武雄壮，打起架来十分勇猛，就连老虎看见了都会感到害怕。野兽们商量后，决定推举狮子做百兽之王，这让它感到非常得意。

图 2-25

7. 然后画其他的小动物和背景的草图，构图的时候，根据阅读习惯从左到右的顺序，画面左边的物体一般比画面右边的物体高，这样更符合眼睛的阅读习惯。如图 2–26。左边的背景加上一颗大树，既可以衬托狮子的颜色，又可以在构图上达到平衡。

狮子和木匠

从前有一只狮子，它长得威武雄壮，打起架来十分勇猛，就连老虎看见了都会感到害怕。野兽们商量后，决定推举狮子做百兽之王，这让它感到非常得意。

图 2–26

画面的右上角太空，加上一只小鸟，也可以让画面更生动，有动静的对比。如图 2–27。

图 2–27

2.2 勾线

对草图进行检查，没问题就可以开始勾线了。勾线的时候在图层面板新建一个组，命名为“线”。勾线时最好也是分开勾，这样后期修改也会方便。先勾狮子，在组里新建图层，命名为“狮子”。如图 2-28。

将画笔大小调小一点，这里调成 3 像素大小，硬度 100%，透明度还是 100%。如图 2-29。

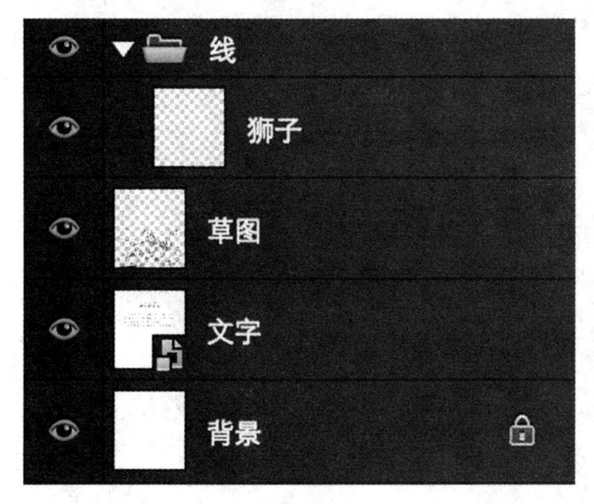

图 2-28

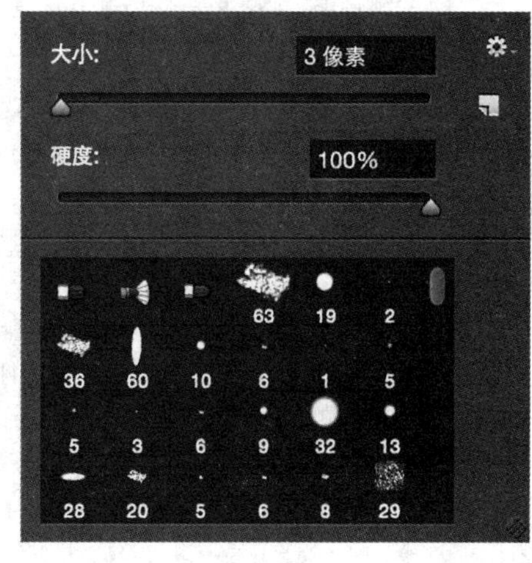

图 2-29

将“草图”图层的透明度调成 15%，在“窗口-导航器”放大画面，或按住放大镜的快捷键“Z”，点要放大的地方，再进行细节勾画。如图 2-30。

图 2-30

然后先储存文件，点击“文件-储存”或按 Ctrl+S 快捷键，将名称设置为“单线平涂”，选择默认的 psd 文件，将文件储存在桌面上，点击确定。这里要提示大家，文件储存的地方根据需要而定。如图 2-31。

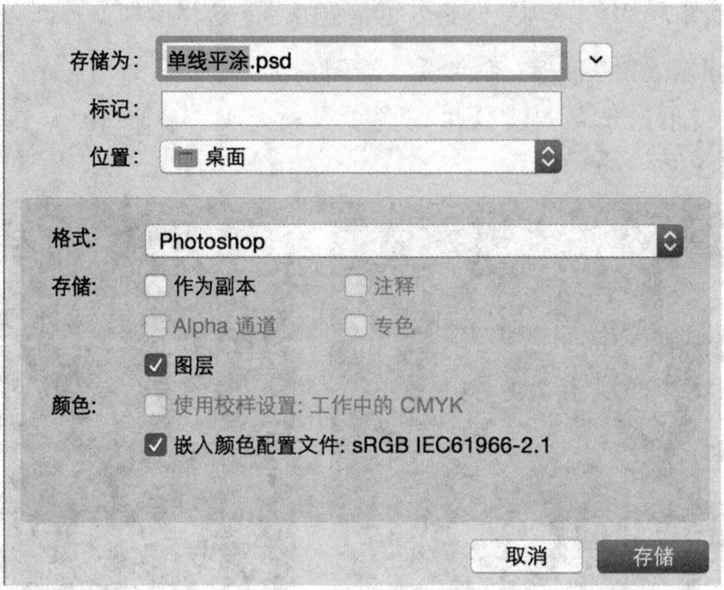

存储为：单线平涂.psd
标记：
位置：桌面
格式：Photoshop
存储：作为副本　注释
Alpha 通道　专色
图层
颜色：使用校样设置：工作中的 CMYK
嵌入颜色配置文件：sRGB IEC61966-2.1
取消　存储

图 2-31

勾勒完狮子，再新建图层，勾勒斑马、猴子、鸟、前景的草、背景的树，等等。这些都是分别新建图层勾勒。如图 2-32。

狮子和木匠

从前有一只狮子，它长得威武雄壮，打起架来十分勇猛，就连老虎看见了都会感到害怕。野兽们商量后，决定推举狮子做百兽之王，这让它感到非常得意。

图 2-32

2.3 上色

检查一下勾好的线，如果没有问题，就锁定组，然后再新建一个组，命名“色彩”，放在“线”组的下面。如图 2-33。

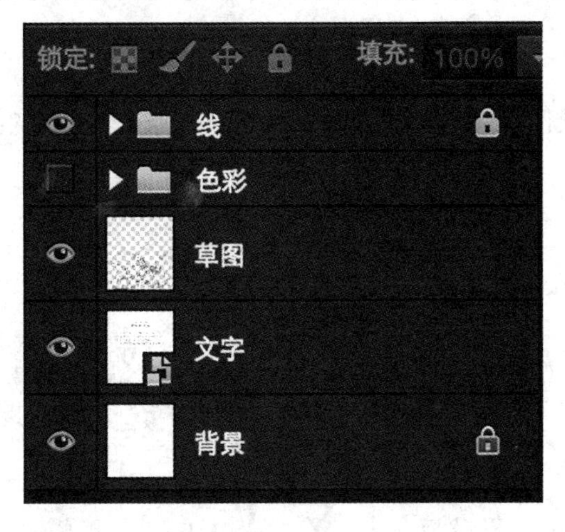

图 2-33

在“色彩”组里新建一层，命名为“狮子”，先给狮子上色。单击前景色，选取狮子的颜色。如图 2-34。

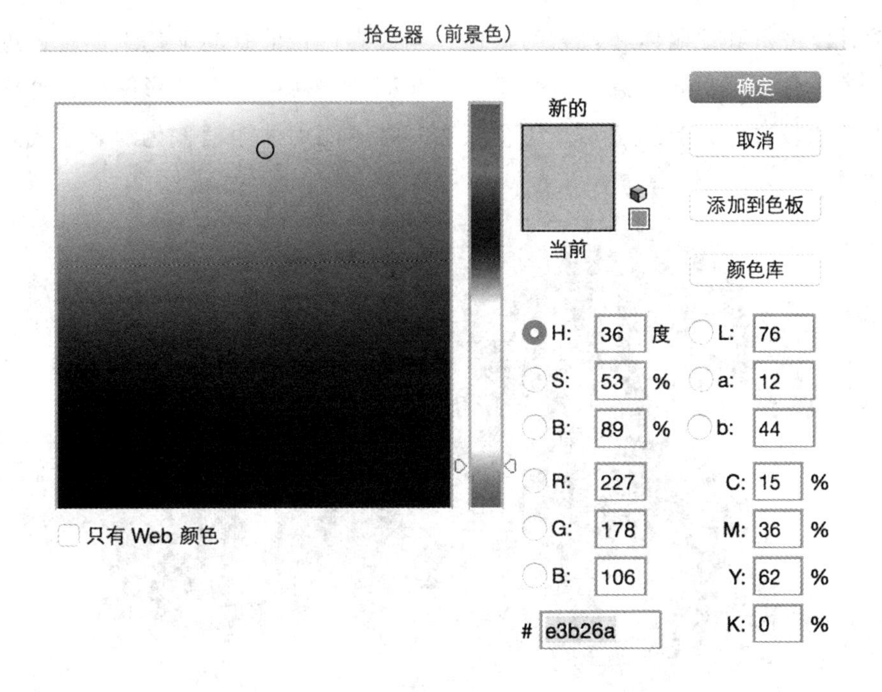

图 2-34

选取“油漆桶工具”，勾选属性栏的“所有图层”，这个时候就可以用油漆桶填色了。如图 2–35。

图 2–35

填完之后再切换回画笔工具，修理细节。完成效果如图 2–36。

图 2–36

然后再进行其他陪体和背景的上色，建议先进行前景的上色工作，再进行背景的上色工作。这里要注意，最好每一个线稿图层对应一个色彩图层，这样用油漆桶上色比较方便，当线条不是闭合状态时是不能用油漆桶上色的。完成效果如图 2–37。

图 2–37

这时可以关闭“草图”图层的小眼睛，起到誊清画面的作用，使画面更清晰。如图 2–38。

图 2–38

为了便于以后修改或编辑，文件一定要存储成 psd 格式的工程文件，然后再储存成其他格式的文件，如.jpg、.tiff 等格式的文件。

2.4　项目拓展

项目名称：狐狸与葡萄

项目要求：

1. 表现手段：单线平涂。

2. 分析以下文字，用 Photoshop 作画，大小不定。“饥饿的狐狸看见葡萄架上挂着一串串晶莹剔透的葡萄，口水直流，想要摘下来吃，但又摘不到。看了一会儿，无可奈何地走了，他边走边自己安慰自己说：“这葡萄没有熟，肯定是酸的。”

3. 注意：构图有疏有密，勾线和上色时不同的物体分不同的图层绘制，以便后期调整，图层命名分组清楚以便后期修改。

第三节　照片效果绘制

对选取绘制的照片，进行事先构思。照片绘制效果与单线平涂不一样，不用分那么多层，基本上是在一层上不断修改，进行深入刻画。

项目名称：簪花美少年（照片效果绘制）

项目目的：

1. 通过对照片的绘画练习，提高造型意识培养造型的能力、光线色彩的表达能力、审美鉴赏能力等；

2. 通过理论与作品步骤实践等多种学习方式，从中获取数字绘画课程所给予的营养。

项目要求：

1. 深化对绘画语言的研究，强化画面形态及空间概念、色彩语言以及画面光线的规律和表现技法等。

2. 掌握 Photoshop 的绘画表现功能。

目的画面效果图如图 2–39。

图 2–39

3.1 前期准备

首先确定要绘制的照片。如图 2–40。

1. 打开 Photoshop，新建文件，将文件大小设置成国际标准纸张 A4 大小，分辨率设置成 300dpi。

2. 新建一层，命名为“背景”，如图 2-41。注意：不要直接在原始“背景”层上直接绘制。

图 2-40

图 2-41

3. 选取油漆桶工具，将前景色选取为黑色，透明度设置成 70%，填背景层。

4. 根据图 2-40 中，四周有一个压黑边的效果，新建一层，命名为“背景 2”，图层混合模式设置成“正片叠底”。然后选则油漆桶工具栏下的“渐变工具”，在属性栏将渐变模式调成，勾选反相，如图 2-42。

图 2-42

5. 从画面中心向画面边缘拉渐变，图层透明度调整为 74%。

6. 选取“背景”和“背景 2”图层，右键合并图层或快捷键 Ctrl+E 合并图层。将文件保存在桌面上，命名为“照片案例”。选中这个“背景”层，参考原图文件，给背景添加一个杂色效果，选择“滤镜-杂色-添加杂色”。

7. 点击“图像-调整-色相/饱和度”或者 Ctrl +U 快捷键，将图片调更暗一些，以接近原图背景。如图 2-43。

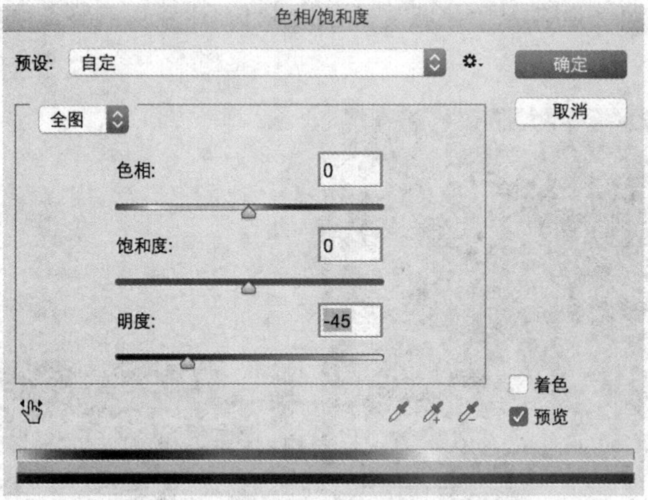

图 2-43

8. 调整出一个有肌理感的画笔，将画笔笔尖间距调大。如图 2-44。

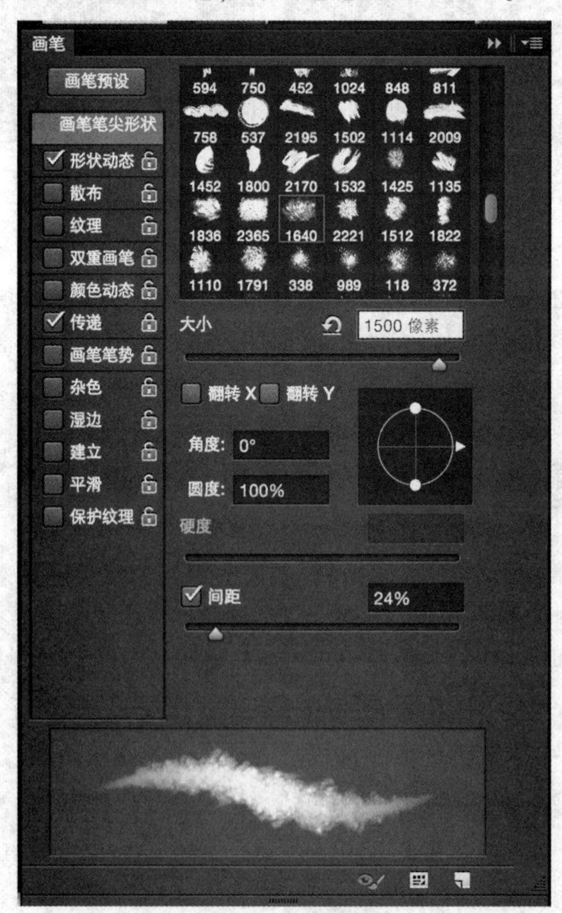

图 2-44

9. 调整形状动态，调整大小抖动和角度抖动两个数据。如图 2–45。

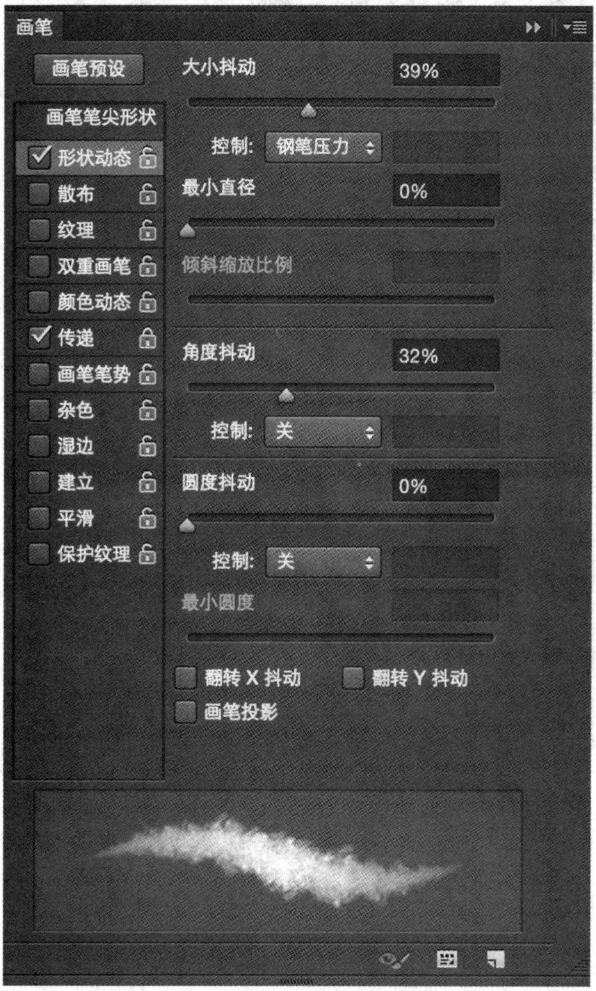

图 2–45

10. 将四周再涂黑一些，尤其是画面顶部。

11. 再将前景色调亮一点，用画笔在中间部分提亮一点。这时背景就绘制好了。

3.2 定型

1. 这个时候就可以进行人物的精细刻画了。将画笔还原成初始画笔，降低硬度，这样方便大面积铺色。如图 2–46。

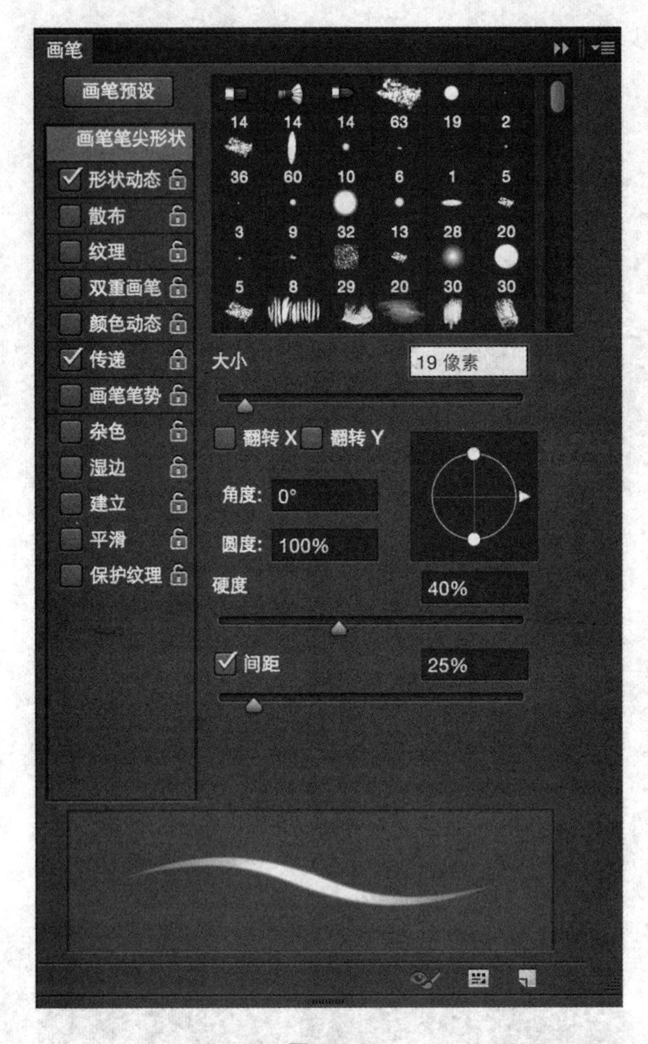

图 2-46

2. 新建一个图层，命名为“少年”，就在这个图层上刻画人物。如图 2-47。

图 2-47

3. 先进行大快面的铺色，从明暗交界线开始，暗面就用黑色，两面用浅灰色，铺成两个色块就行。如图 2-48。

图 2-48

图 2-49

4. 再从明暗交界线开始进一步刻画，这个时候还是用原始画笔，将明暗交界线的型刻画得更明确一点。彩色的花瓣最后添加颜色就行，现在还是进行黑白部分的刻画，可以将亮部稍微点缀几笔。如图 2-49。

3.3　深入刻画

1. 这个时候就可以调节画笔进行深入刻画了，选择一个稍微有肌理感的画笔，将笔尖间距调大。如图 2-50。

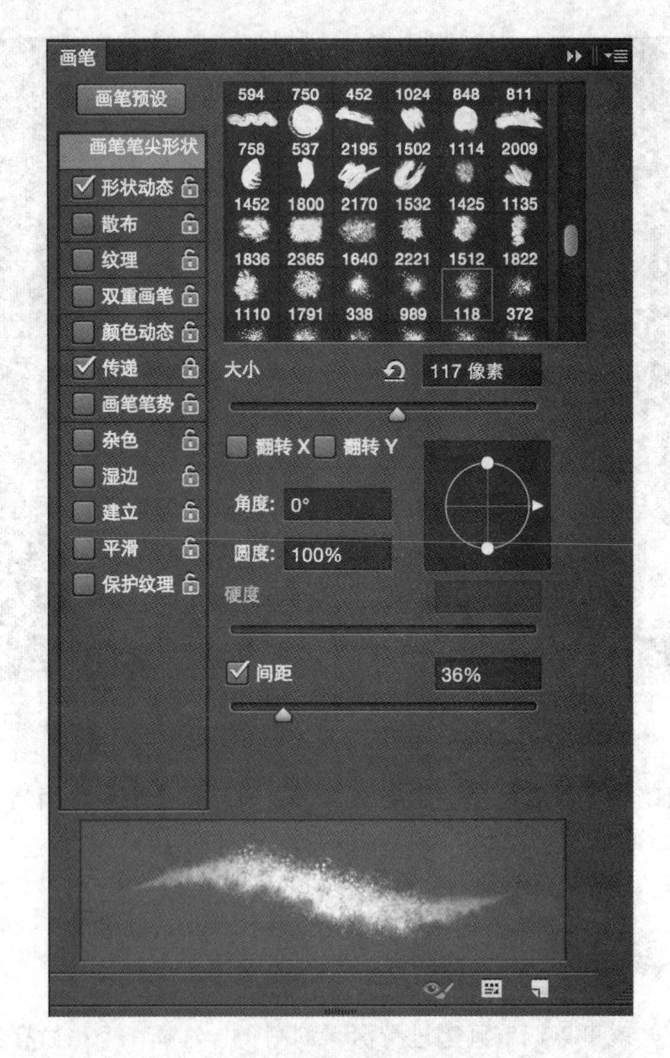

图 2-50

2. 调整形状动态，将大小抖动和角度抖动的数值调到30%左右。如图2-51。

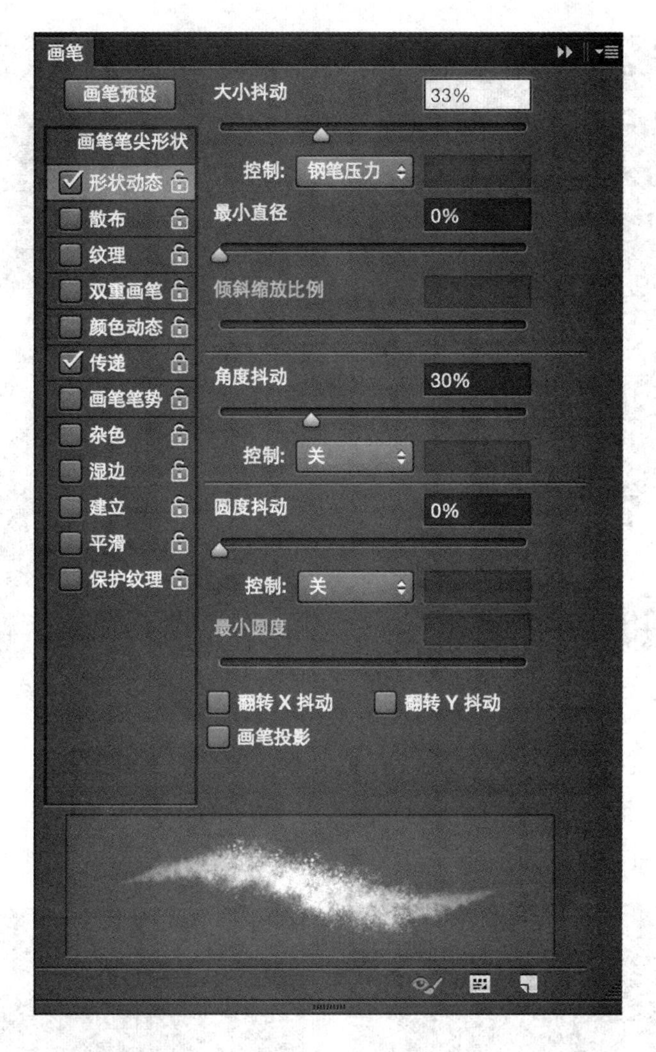

图 2-51

3. 还是从明暗交界线五官处开始，进行细节刻画。这个时候画笔还是比较大的，刻画效果如图 2-52。

4. 深入刻画时最重要的就是耐心，从整体到局部，从大块面到小细节一点一点修补，但是一定要把控全局，不要陷入细节刻画，而且要巧用橡皮擦，将多余部分擦掉、收形。如图 2-53。

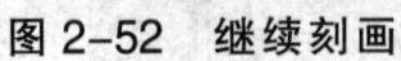
图 2-52 继续刻画

图 2-53 继续刻画

5. 将衣服上的细节用大笔刷稍微表现下，但是不适宜过度细化，这样面部处理细腻详尽，衣服处理简要概括，有虚实对比关系。如图 2-54。

6. 再进行面部的花瓣绘制，还是用黑白画笔进行刻画。如图 2-55。

图 2-54 继续完善

图 2-55 初稿完成

7. 新建图层，命名为“颜色”，将图层的混合模式调整为“颜色”，如图2-56。将前景色调成桃红色，这里的颜色为“d5899b”，对花瓣进行涂抹。如图2-57。

图 2-56　颜色图层

图 2-57 花瓣上色

8. 花瓣涂抹完成后，继续新建一层，图层属性还是“颜色”，将图层重命名为“皮肤”，选择肉色系涂抹皮肤，完成后再储存一次（绘画途中最好经常储存，以免软件因意外退出时遗失绘画数据）。皮肤上色完成如图 2-58。

9. 给衣服和背景上色，如上述步骤一样，分别新建图层“衣服”和“背景”，图层属性都是“颜色”。然后对衣服和背景进行简单上色，再保存，另存为jpg 格式方便预览，完成照片效果的绘制。最终效果如图 2-39（见 52 页）。

图 2-58　皮肤上色完成效果

3.4 项目拓展

项目名称：照片绘制——我心中的“她（他）”

项目要求：

1. 绘制写实头像。

2. 选择一些清晰的头像照片，在 Photoshop 中临摹。

3. 感受不同的光线、形态对造型和色彩的影响，将复杂的五官简化为几何体描绘，在整体协调的基础上注意细节刻画。

项目名称：我的自画像

项目要求：

1. 选择一张自己的照片，最好是肩部以上高清照片。

2. 在 Photoshop 里面临摹，注意绘制完整画面的时候要有虚有实，五官尤其是眼睛细节刻画要丰富，明暗交界线也要着力刻画，加强对比。

3. 衣服、头发则可刻意放松线条。

4. 先绘制黑白稿再通过图层模式“颜色”上色，有助于更好的把握画面的黑白灰色调。

第四节　绘本绘图表现

本章节主要是通过一个封面的画面设计，来讲解绘制与剪贴画混搭效果的表现。

项目名称：梦幻星苑——绘制与剪贴画混搭效果的画面设计

项目目的：

1. 通过项目理论和实践加强创新能力、绘画能力的培养。

2. 基本掌握绘本插图绘制的过程，能够绘制简单的绘本插图。

3. 迅速适应在实际工作中的工作环境，承担工作任务。

项目要求：

1. 表现手段：绘本绘图表现。

2. 提高能动性，激发潜能，培养创新意识和创新能力以及实际动手能力。

目的画面效果图如图 2-59。

图 2-59

4.1　绘本文字分析

故事分析：一个小男孩用自己的爱感化世界拥抱世界的故事，以一个熟睡的小男孩来表现，他的姿势保持着拥抱的姿势，被子上是他所居住的小城镇，枕头是自然世界的照片拼贴，再加上星球、星星、云朵等元素丰富画面。小男孩的年龄大概七岁到十二岁左右。根据绘本中的描述，小男孩皮肤白皙红润，五官精致小巧，一头珊瑚色的卷发，睫毛长而翘，长得俊俏可爱，衣着简朴。

4.2　风格设定

这个绘本面对的读者是 7 到 12 岁的孩子，用他们习惯的画笔——油画棒去刻画小男孩、云朵、小城镇，再结合实物图片，抠图下来做一个剪贴效果。这样会一定程度上增加画面的层次感和肌理感。

小男孩的形象定义在写实与抽象之间，这样受众广、接受度高，加上作者的标志性绘画特色——分开为朱红和橘色的红脸蛋，所以描绘重点放在小男孩的脸部，其他部分简要概括做一个虚实对比。

整体绘画的色调设定为复古、轻快、活泼的暖色调。由于油画棒本身饱和度高，所以通过混合白色来适当降低一下饱和度，拼贴的图片也选择饱和度低一点的，这样整体的色调会比较和谐。

4.3 绘制

1. 打开 Photoshop，新建一个.psd 文件，长宽根据绘本封面设置成 10cm * 10cm，分辨率设置成 300dpi，储存文件，命名为“绘本案例”。这里和之前的单线平涂与照片效果绘制是一个道理，不做赘述。

2. 新建图层，命名为“草图”。如图 2-60。

图 2-60

3. 在绘图面板上面构图。如图 2-61。

图 2-61

4. 在图画纸上用油画棒画出（也可直接在电脑中绘制）小男孩、云朵、星星、城堡与太阳，并用扫描仪扫描到电脑中。如图 2-62、图 2-63、图 2-64。

图 2-62

图 2-63

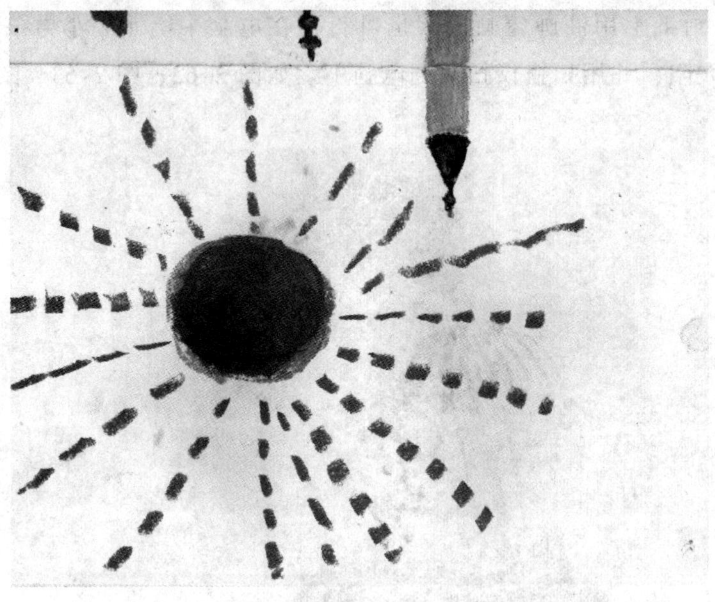

图 2-64

5. 将这些已画好的素材文件拖入“绘本案例”.psd 文件中，进行抠图。因为要抠图的形状不是很均匀，所以使用蒙板工具进行抠图。将拖进去的素材图层进行删格化。如图 2-65。

图 2-65

6. 单击蒙板工具，选择初始画笔，将硬度调到100%，将“形状动态”里面的钢笔压力打开，其他抖动都设置“关”状态。如图2–66。

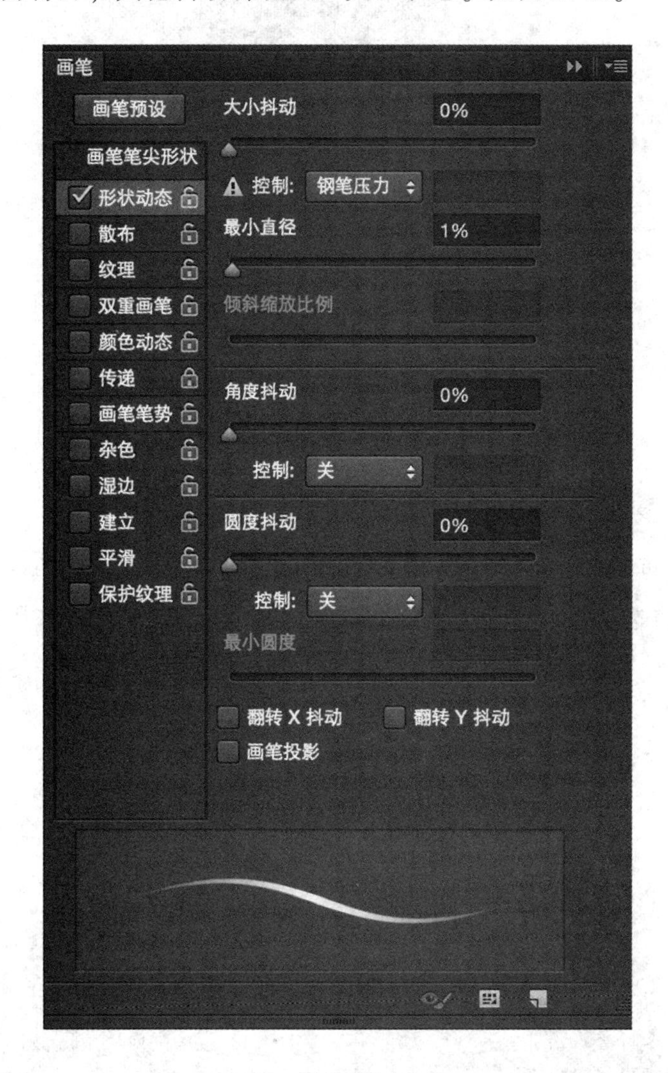

图 2–66

7. 涂抹要选取的部分，涂抹时注意周围留一圈白色，这样做拼贴效果时画面效果会更好。画笔透明度调成100%，硬度调成100%，否则形成的选取会不够明确。这时被涂抹的区域会呈现透明的红色。如图2–67。

图 2-67

8. 涂抹完再单击一下“蒙板”工具，这时红色的地方会自动形成选区，然后按 Ctrl+J 键，将选区通过拷贝的图层，命名为“小男孩”。接下来用同样的办法分别抠出城堡、云朵、星星、太阳等。再从网上下载星球的素材并剪切出来。如图 2-68、图 2-69、图 2-70、图 2-71、图 2-72。

图 2-68

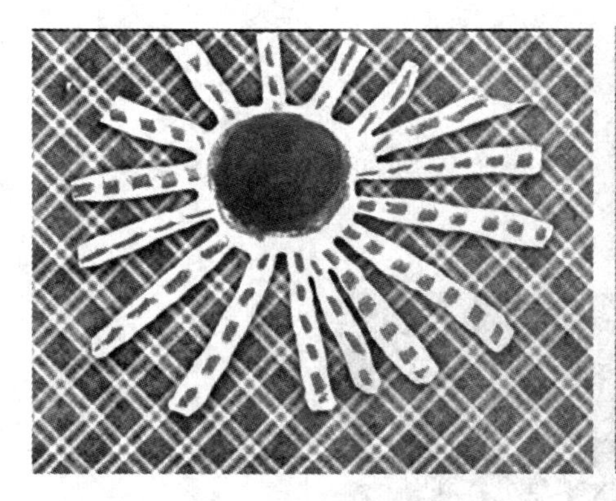

图 2-69

图 2-70

图 2-71

图 2-72

4.4　拼贴与定稿

1. 素材都准备好就可以进行拼贴整合了。将素材分别命名，然后整理成一个图层组，并命名为“正稿”。如图 2–73。

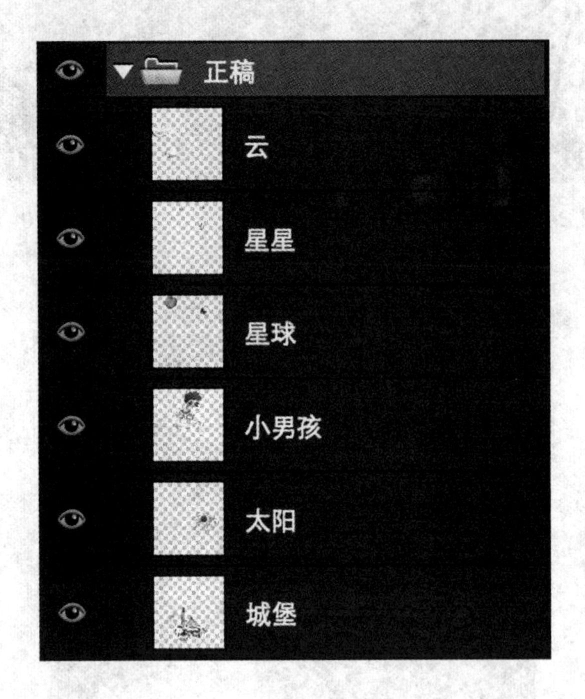

图 2–73

2. 根据构图开始选择背景的拼贴素材。风景素材选择图 2–74，被子选择格纹图 2–75。

图 2–74

图 2-75

3. 将素材拖入文件，调整位置进行拼贴。新建一个图层组，命名为“背景”。如图 2-76。

图 2-76

4. 如果颜色不是很和谐，需要对格纹素材的颜色进行调整。点击“图像-调整-色相/饱和度”或者快捷键 Ctrl+U，设置数值。如图 2-77。

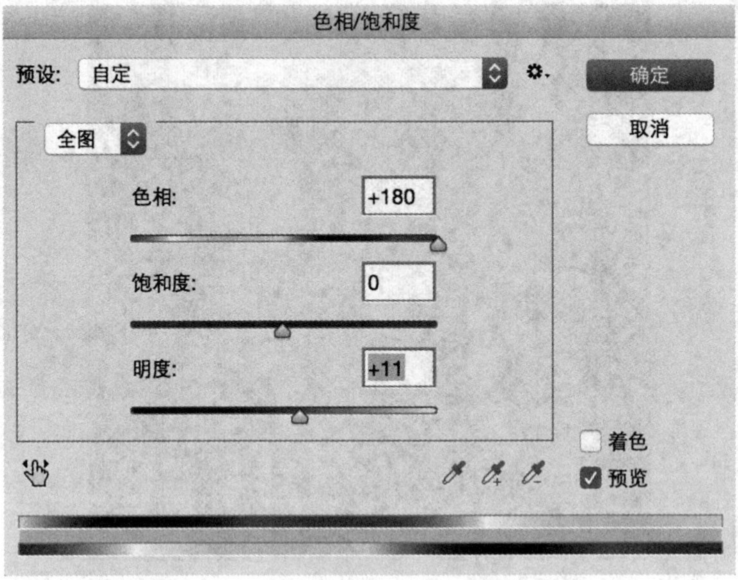

色相/饱和度

预设: 自定

确定

取消

全图

色相: +180

饱和度: 0

明度: +11

着色

预览

图 2–77

5. 将格纹素材调成蓝色调。如图 2–78。

图 2–78

6. 将素材按照草图的构图进行拼贴。从围绕主体近的素材开始，先拼贴太阳、城堡和云朵。如图 2–79。

图 2–79

7. 再加上星星和星球。有需要调色的部分还是按住 Ctrl+U 键调节色相/饱和度。最终效果参见图 2–59。

8. 储存.psd 格式文件并另存为 jpg 格式文件，绘本封面的绘制就完成了。

4.5　项目拓展

项目名称：蚂蚁与屎壳郎

项目要求：

1. Photoshop 绘制绘本插图。

2. 故事分析：夏天，别的动物都悠闲地生活，只有蚂蚁在田里跑来跑去，搜集小麦和大麦，给自己贮存冬季吃的食物。屎壳郎惊奇地问他为何这般勤劳，蚂蚁当时什么也没说。冬天来了，大雪盖掉了牛粪，饥饿的屎壳郎走到蚂蚁那里乞食，蚂蚁对他说：“喂，伙计，如果当时在我劳动时你不是批评我，而是也去做工，现在就不会忍饥挨饿了。”

3. 绘画的时候尽量发挥想象力，以有趣、生动为标准，造型和配色都要跳出常规思维来表现。

4. 画面尺寸 A4 纸横版，分辨率：300dpi，色彩模式：CMYK。

项目名称：农夫与蛇

项目要求：

1. 表现手段：Photoshop 绘制绘本插图。

2. 故事分析：冬天，农夫发现一条蛇冻僵了，他很可怜它，便把蛇放在自己怀里。蛇温暖后，苏醒了过来，恢复了它的本性，咬了农夫一口，使他受到了致命的伤害。农夫临死前说："我该死，我怜悯恶人，应该受恶报。"这个故事说明，即使对恶人仁至义尽，他们的邪恶本性也是不会改变的。

3. 注意绘画的时候尽量发挥想象力，以有趣、生动为标准，造型和配色都要跳出常规思维来表现。

4. 画面尺寸，分辨率自定，色彩模式：CMYK。

第三章　图形图像的处理

第一节　艺术照片的处理

1.1　Photoshop图像处理

强大的图像处理功能受到各行业的青睐和信任。Photoshop 精彩的图像处理功能，可以帮助用户完成任何想要的图像处理效果。

项目名称： 唯美女孩的中性淡冷色艺术照

项目目的：

1. 掌握图像色彩调整的常用命令。
2. 通过图像特效合成操作，提高实践经验。

项目分析：

在图形图像的处理中，对于照片的处理是非常重要的一部分。一张优秀的图像后期应该做到去除冗余完善修改和在做好还原摄影主题颜色的同时保持图像色彩的对比和统一。目的效果图如图 3–1。

图 3–1　效果对比

项目实训步骤：

1. 首先要对照片进行分析，找到需要修改和完善的地方。经过观察发现：图像对比度不好，色彩饱和度低，整体色调不统一等问题。

2. 把照片导入到Photoshop中，复制一层，命名为“案例一”。如图3-2。

图 3-2

3. 点击菜单命令“图像—调整—可选颜色”，参数设置如下：红色通道—青色+49、洋红-13、黄色-27、黑色-4；洋红通道—青色-24、洋红-31、黄色-22、黑色-20；黄色通道—青色+25、洋红+19、黄色-60、黑色+2。如图3-3、图3-4。

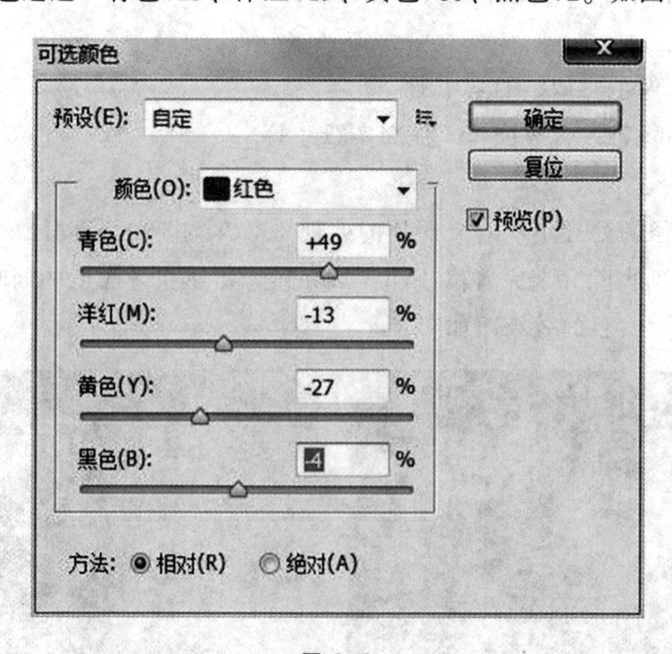

图 3-3

图 3-4

4. 调整背景色调基本可以达到目的效果，但是人物面部和手部的颜色也跟着变化，这样就需要单独对其进行调整。使用“多边形套索工具”，选取面部五官和手部，再复制一层背景层，并点击图层面板下面的为图层添加蒙版，然后把该图层移到图层最上边。如图 3-5。

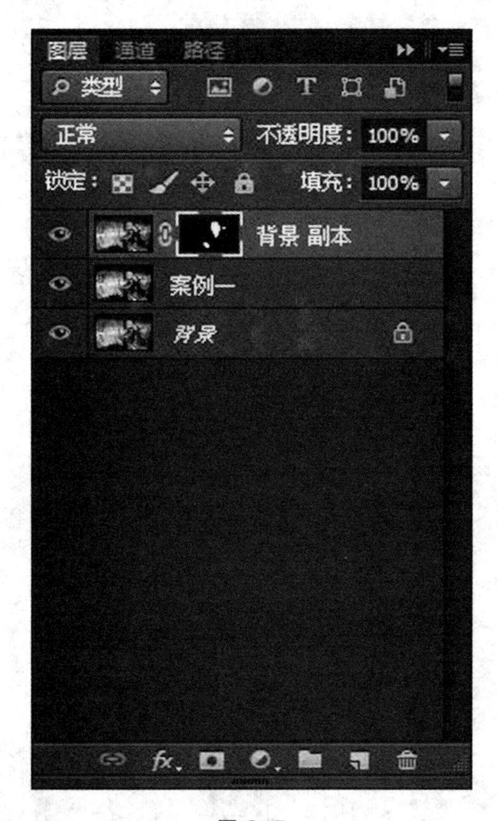

图 3-5

5. 继续为“背景副本”图层添加“可选颜色”命令。参数设置如下：红色通道—青色-19、洋红+19、黄色+22、黑色-36；黄色通道—青色-32、洋红+14、黄色+14、黑色-36；青色通道—青色-19、洋红-4、黄色+7、黑色 0；蓝色通道—青色-12、洋红+10、黄色+14、黑色 0；白色通道—青色 0、洋红-10、黄色 0、黑色-18；中性色通道—青色-5、洋红+3、黄色+2、黑色-7；黑色通道—青色-5、洋红+7、黄色 0、黑色-6。如图 3-6。

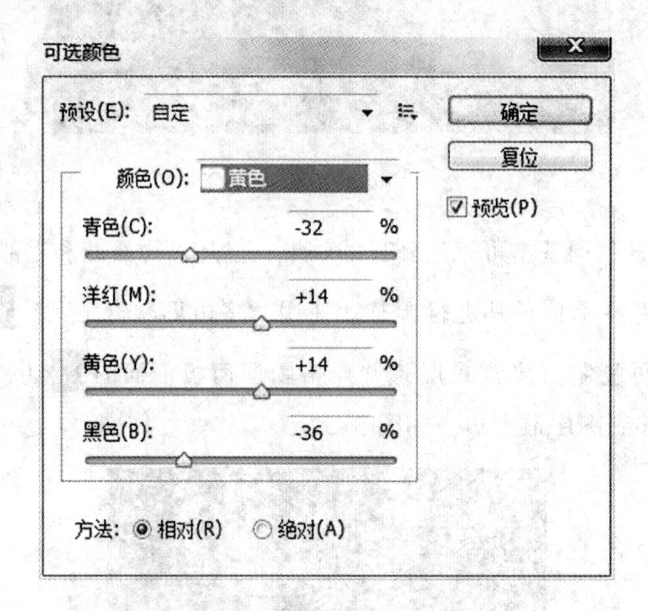

图 3-6

6. 新建一个图层，按键盘“Alt+Ctrl+Shift+E”执行盖印图层。如图 3-7。

图 3-7

7. 执行“图像—调整—色彩平衡”命令，参数设置如下：阴影色阶-2、0、+2；高光色阶0、0、-9。如图3-8。

8. 为了图像氛围感更强一些，需要制作一个镜头光晕。新建一个图层，填充黑色，并执行“滤镜—渲染—镜头光晕”命令，参数设置如图3-9所示，更改图层混合模式为“滤色”，最终效果如图3-10。

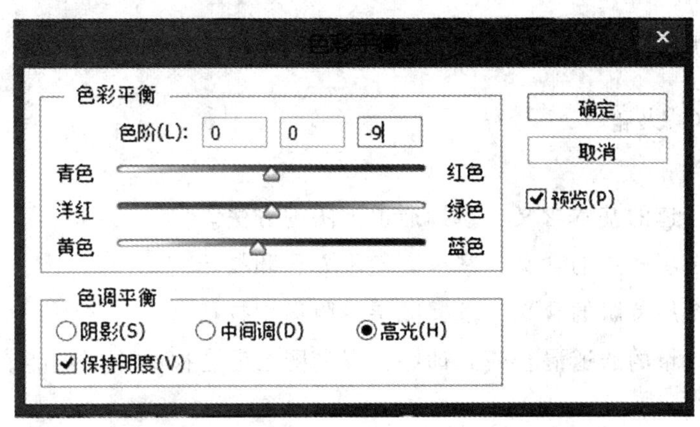

图 3-8

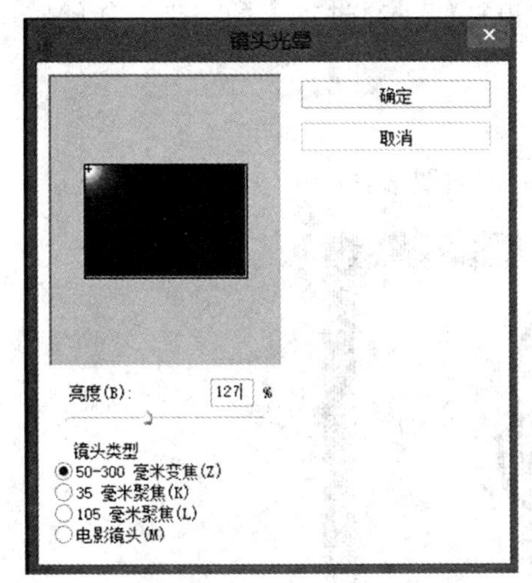

图 3-9

图 3-10　最终效果

1.2　项目拓展

项目名称：表姐的婚纱照

项目要求：

1. 选择在海边的婚纱照。

2. 进行冷色调处理。

第二节 画面的艺术创想

2.1 《火鹿》画面的艺术创想

项目名称：火鹿

项目目的：

1. 了解通道的基本含义，掌握通道抠图的方法。
2. 理解图层样式的含义，掌握其使用方法和技巧。
3. 理解图层蒙版的含义，掌握图层蒙版运用技巧。
4. 通过大量的通道混合模式训练，提高图层混合模式使用技能。

项目分析：

Photoshop 强大的图像处理能力当中，通道、图层样式、图层蒙版和混合模式是经常用到的功能，也是必须要掌握的基本知识技能，通过本章的实训，能够掌握以上几种技能，并在实践当中熟练运用。

项目实训：

1. 导入“火鹿”素材图片到 Photoshop 当中。如图 3-11。

图 3-11

2. 在通道面板中，复制“蓝”通道，得到“蓝副本”，执行“图像—调整—色阶”命令，参数设置如图 3–12，效果如图 3–13。

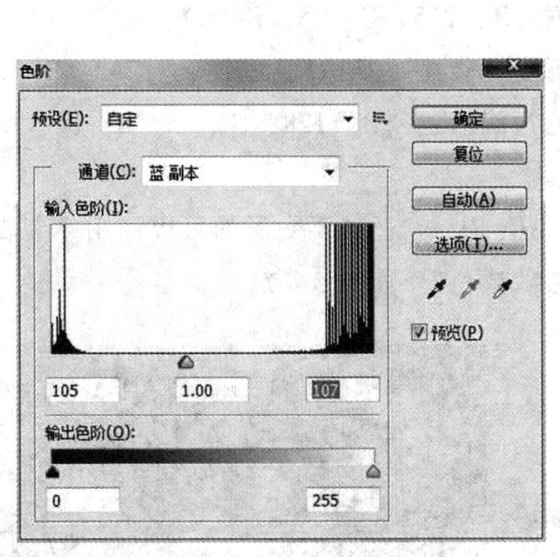

图 3–12

图 3–13

3. 按住键盘上的“Ctrl”键，单机鼠标左键，选中白色选区，执行“选择—反向”命令，然后回到图层面板，新建一个空白图层，用白色填充画面，同时把背景图层用黑色填充。如图 3–14。

4. 使用橡皮工具擦除掉“图层一”中的污点，然后执行“图像—画布大小”命令，参数设置如图 3–15，然后调整一下“图层一”的位置。

图 3–14

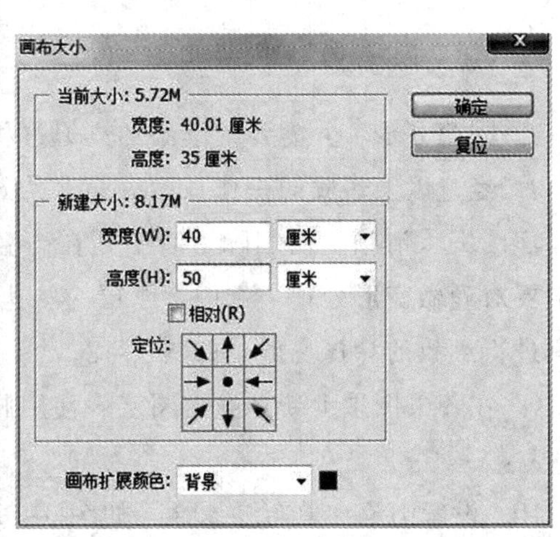

图 3–15

5. 对“图层一”添加图层样式“外发光”、“颜色叠加”和“内发光”，具体参数设置：

外发光：混合模式为滤色、不透明度为75、大小为24；

颜色叠加：混合模式为正常、颜色（R：255、G：25、B：0）；

内发光：混合模式为滤色、不透明度为75、颜色为（R：252、G：242、B：0）；

光泽：混合模式为正片叠底、颜色为深红色（R：128、G：16、B：0）。如图3–16。

6. 添加火焰素材，调整图像大小和位置，对于需要变形的可以使用“编辑—变换—变形”命令，并更改混合模式为“滤色”。如图3–17。

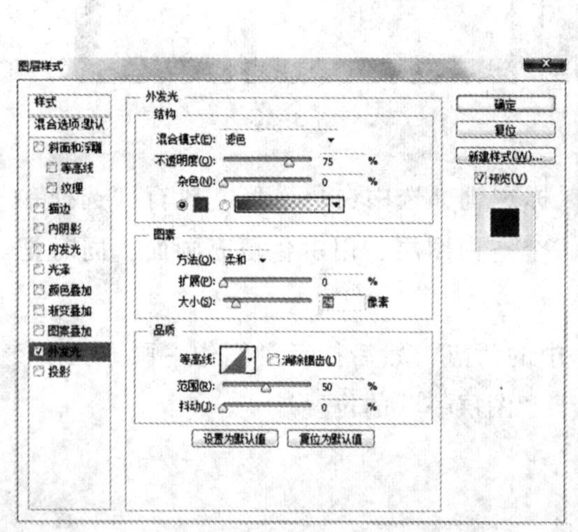

图3–16

图3–17

7. 同第6步，并需要继续添加火焰素材和烟雾素材，调整大小和位置。

8. 经过以上步骤的操作，“火鹿”的效果已经基本完成。但是再仔细观看发现，鹿图案太清晰，而实际生活中处在高温中的物体会发生模糊、变形，那么现在需要对鹿做变形处理。选中“图层一”执行“滤镜—液化”命令，使用“涂抹”工具进行细致的涂抹变形。如图3–18。

9. 在背景图层上新建空白图层，使用画笔（橘黄色、红色、黄色等）进行涂抹。

10. 设置画笔“散布”属性，如图3–19，进行火星绘制。

11. 最终“火鹿”效果如图3–20。

图 3-18

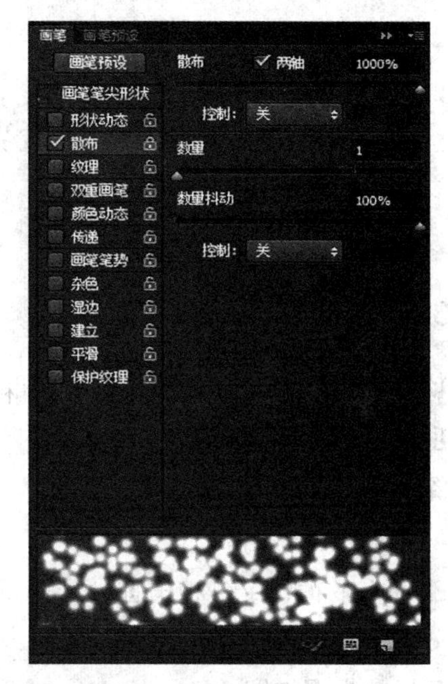

图 3-19

图 3-20

2.2　项目拓展

项目名称：火烧超人

项目要求：

1. 选择一张单人照片，并处理成超人效果。
2. 制作火烧超人效果。

第三节　光影艺术创想

3.1　光影艺术处理

项目名称：《上帝之光》艺术效果

项目目的：

深入学习图像处理各命令的综合运用，加强相互之间的运用能力。

项目分析：

Photoshop 提供了各种图像处理的工具和命令，每一种工具和命令都能实现既定的效果，要想制作出理想中的效果，就要懂得对各种工具和命令的综合运用。

目标效果图如图 3-21。

图 3-21

项目实训：

1. 新建文件。如图 3–22。

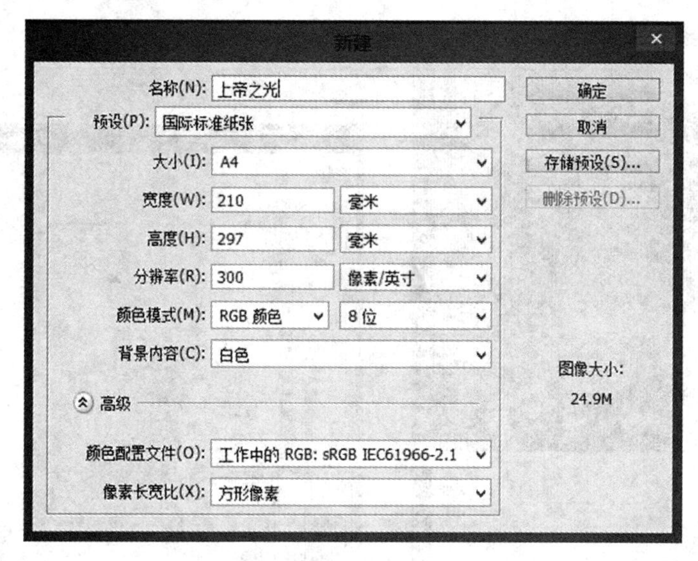

图 3–22

2. 导入“云 1”素材图片并放到左上角的位置。如图 3–23。复制“云 1”图层，执行“编辑—变换—水平翻转”命令并移动到相应位置。为“云 1 副本”添加蒙版，并进行涂抹，得到合适图形效果。如图 3–24。

图 3–23　　　　图 3–24

3. 继续制作天空，导入素材“云 2”，执行“图层—栅格化—图层”命令，调整大小并放到合适位置，然后为其添加蒙版命令，用画笔进行涂抹。如图 3–25。

4. 仔细观察发现“云 2”和“云 1”在颜色有明显的区别。对“云 2”执行“图像—调整—曲线”命令，对“RGB”和“蓝色通道”进行调整。如图 3-26。

图 3-25

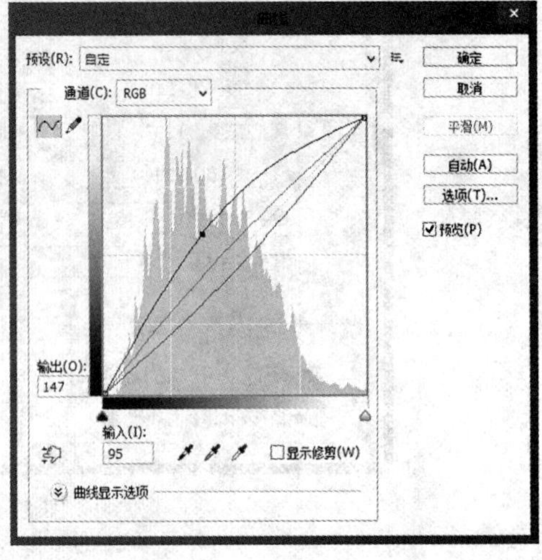

图 3-26

5. 现在导入素材“古堡”，调整大小并放到合适的位置。使用钢笔工具沿城堡进行抠图，选择“路径转化为选取”按钮，将城堡转化为选取并执行反选。将多余的部分删除掉。如图 3-27。

图 3-27

6. 导入素材“山川”调整大小放置到合适位置，继续为其添加蒙版，用画笔进行涂抹。如图 3–28。

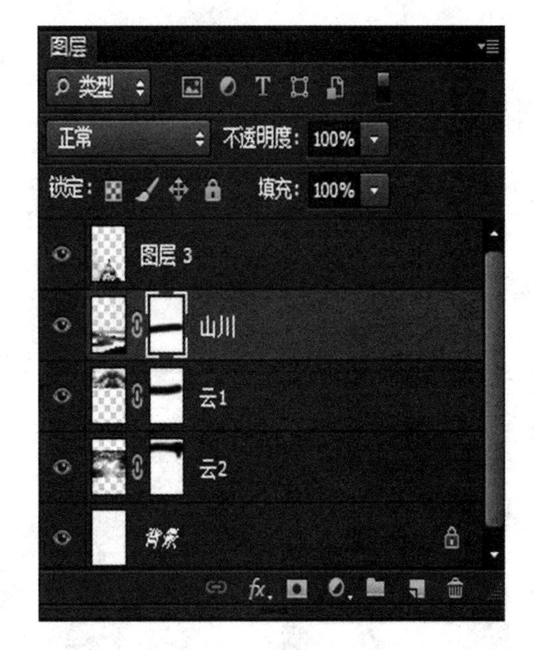

图 3–28

7. 为“山川”图层执行“图像—调整—曲线”命令，参数设置如图 3–29。现在发现，山川的颜色和云彩的颜色不能很好的匹配，需要对山川进行颜色校正。执行“图像—调整—色小饱和度”命令。参数设置如图 3–30。

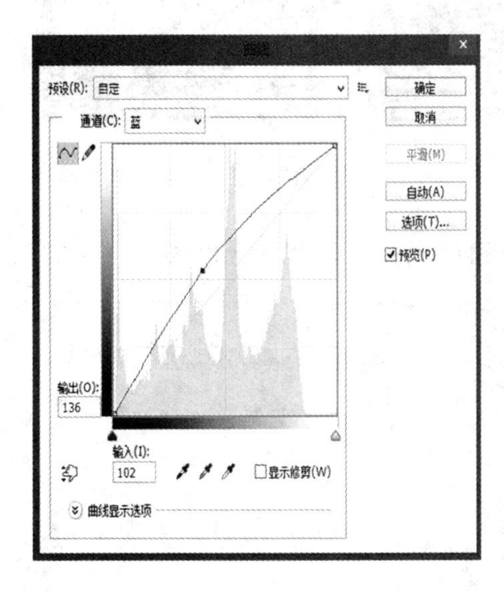

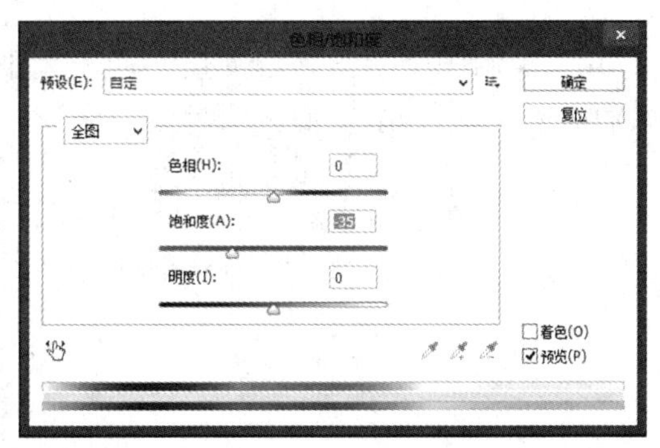

图3–29　　　　图 3–30

8. 环境素材基本导入完毕并进行了大体调整，现在需要添加“人物”素材。和第 6 步一样需要使用钢笔工具把人物抠出来，并调整大小放到合适位置。如图 3–31。

提示：脚部绿叶遮挡和不完整的部位可以使用印章工具完善出来，因为后期图像缩小比例非常大，所以并不影响整体效果。

9. 现在需要制作光束，使用“多边形套索” 工具，画出一个选区并进行羽化，羽化数值为“50”。新建“阳光”图层然后使用“渐变填充工具”填充颜色，选择混合模式为“强光”。如图 3–32。

图 3–31

图 3–32

10. 复制一个“阳光”图层，调整大小和位置，并选择混合模式为“叠加”，“不同明度”为“50”，调整一下图层顺序。如图 3–33。

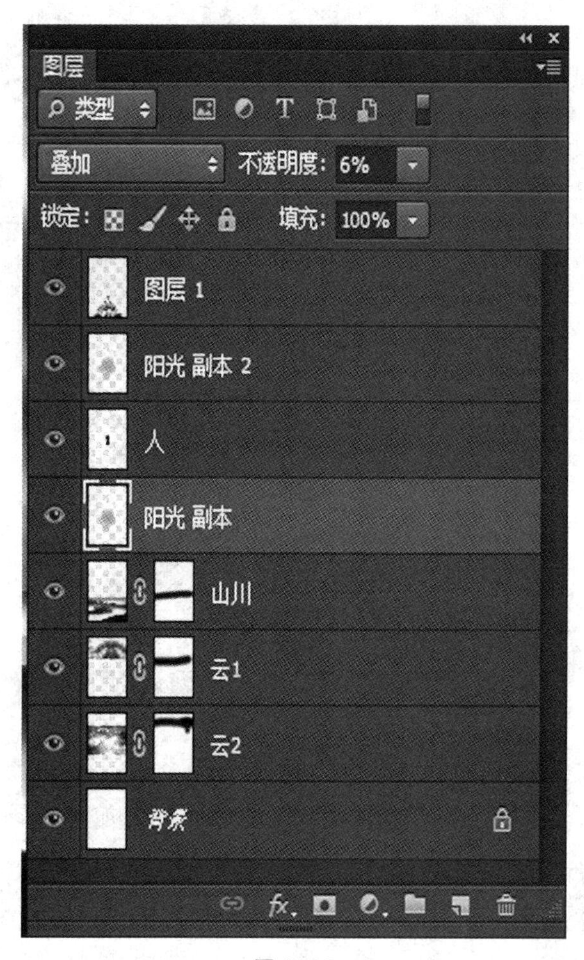

图 3–33

11. 通过以上步骤初步效果已完成，但是画面的整体氛围感还不够好，良好的氛围需要细节的烘托和渲染。加强细节的刻画首先需要把光线部分深入加工，比如制作出“线”的感觉。

12. 新建一个空白图层，取名“光线”，填充黑色，并执行“滤镜—渲染—纤维”命令。参数如图 3–34。

图 3-34

13. 为“光线”图层添加“滤镜>模糊>径向模糊”命令，参数如图 3-35。

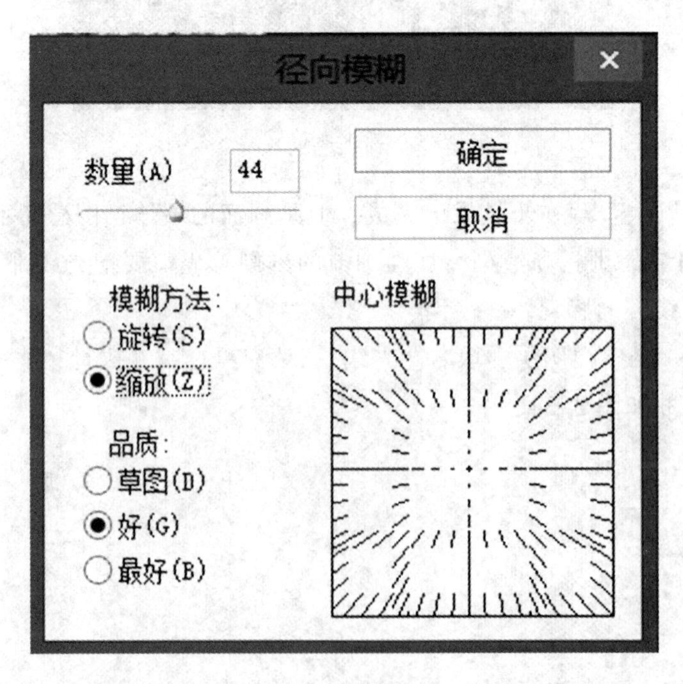

图 3-35

14. 为“光线”图层添加“编辑—变换—变形”命令，如图 3-36。“光线”图层适合图像需要，然后更改图层混合模式为“柔光”，并添加图层蒙板，擦掉多余部分。

15. 复制“光线”图层为新层，调整图层顺序和大小并放到合适位置。如图 3-37。

图 3-36

图 3-37

16. 新建一个空白图层，命名为“闪光粒子”，使用画笔工具，调整“散布”，参数设置如图 3-38。在空白图层上添加粒子效果。

17. 现在需要进行整体调整，经过分析发现背景太亮衬不出阳光的明亮，那么需要对背景进行调整，使其变得更暗一些，城堡也是一样的效果。这里可以使用“曲线”和“色阶”等命令进行调整。如图 3-39。

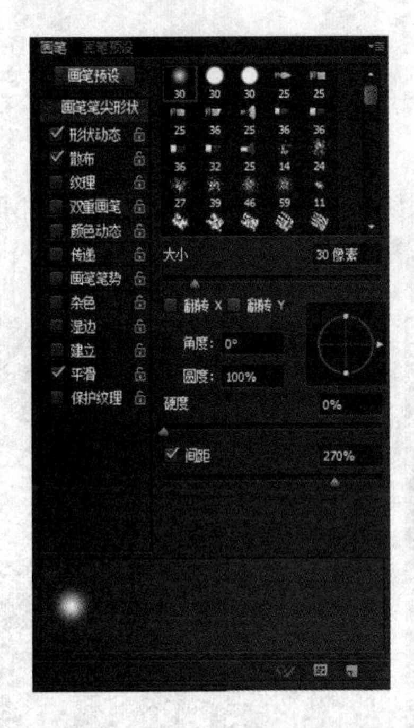

图 3-38

图 3-39

18. 为了让画面有更强的氛围感，需要对背景进行颜色校正。新建空白图层，用画笔使用 R：155、G：95、B：0 和 R：0、G：23、B：38 两种颜色进行涂抹，并更改混合模式为“叠加”。把“人物”图层中的人物使用曲线命令调暗，同时使用钢笔工具沿着人物边缘勾出亮边。如图 3-40。

图 3-40

19. 按“Ctrl+Enter”键转化为选区，再按住“Alt+Ctrl+Shift”，同时点击“人物”图层 ，得到相交选取，然后在选区使用画笔涂抹橘黄色，并更改混合模式为“颜色减淡”。

20. 在图层最上边新建空白层，按“Alt+Ctrl+Shift+E”键执行盖印，然后执行“图像—调整—色彩平衡”命令。参数设置如图 3-41。

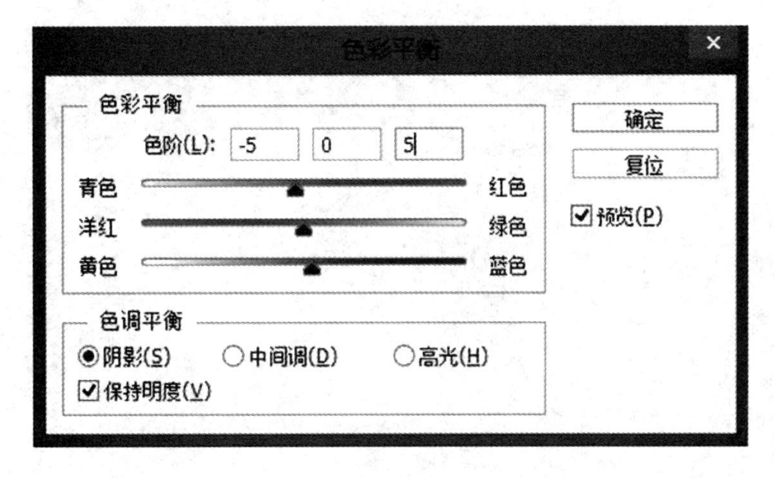

图 3-41

21. 最终效果如图 3-21（见 84 页）。

3.2 项目拓展

项目名称： 为佛像添加佛光

项目要求：

1. 拍摄一幅佛像照片。
2. 根据印刷参数需要，设置各种参数。
3. 熟练运用本节所用技术功能进行表现。

第四章　平面版式设计功能

平面设计与排版是 Photoshop 又一强大功能。一幅作品的制作可以根据不同风格类型的图像进行分类。首先要抓住它们的特点，这样才可以根据不同的重点突出该风格的表现形式，进行不同样式的版面设计。其次通过设计上的变化，实现“既丰富又统一”的目标，让作品呈现各自突出的优点，比如版面与主体的联系以及它们之间的主次关系等，并适当地使用素材为版面服务，体现更完美的效果。

第一节　字体的“火焰”特效设计

1.1　字体特效设计

项目名称：“火焰山”字体的火焰效果

项目分析：

1. 本项目主要运用了图像模式和滤镜来完成火焰字的制作，通过画笔工具来突出文字的效果。

2. 在 Photoshop 图像处理软件中，图像的模式有 9 种之多。常用的设计模式为真彩色“RGB 颜色”模式，该模式下大多的菜单命令可用，为创作提供了便利。打印和印刷模式用“CMYK 颜色”模式，该模式下，菜单命令使用受限。本项目为突出燃烧效果，把图像的模式设计成灰度转索引从而激活颜色表。

项目目的：掌握图像之间模式的转换以及滤镜的使用方法。

目标效果图如图 4-1。

图 4–1 效果图

项目实训步骤：

1. 启动 Photoshop cs6 选择“文件”菜单，点击“新建”命令，或者按键盘上的“Ctrl+N”快捷键，打开“新建”对话框，设置参数。如图 4–2。

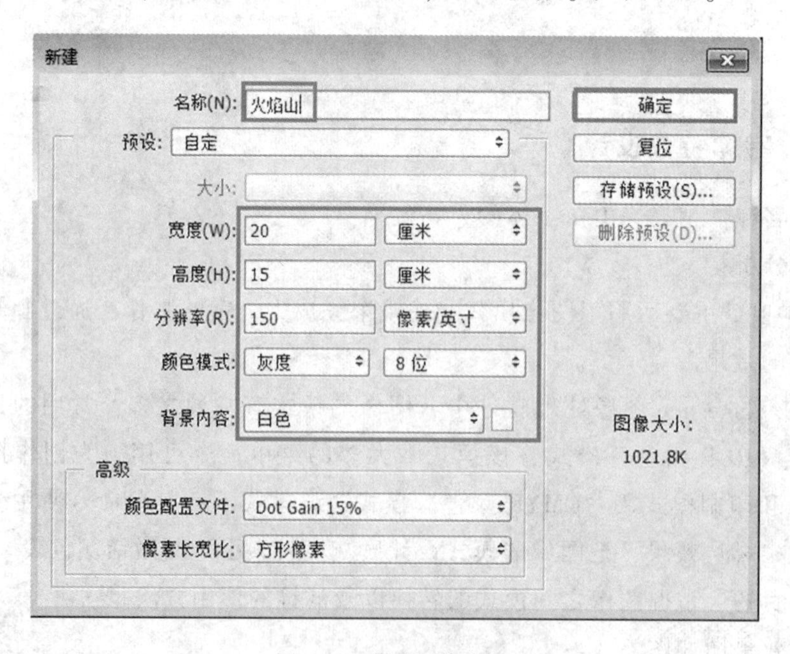

图 4–2 新建图像参数

2. 设置前景色为黑色，按“Alt+Delete”键填充黑色背景。如图 4–3。

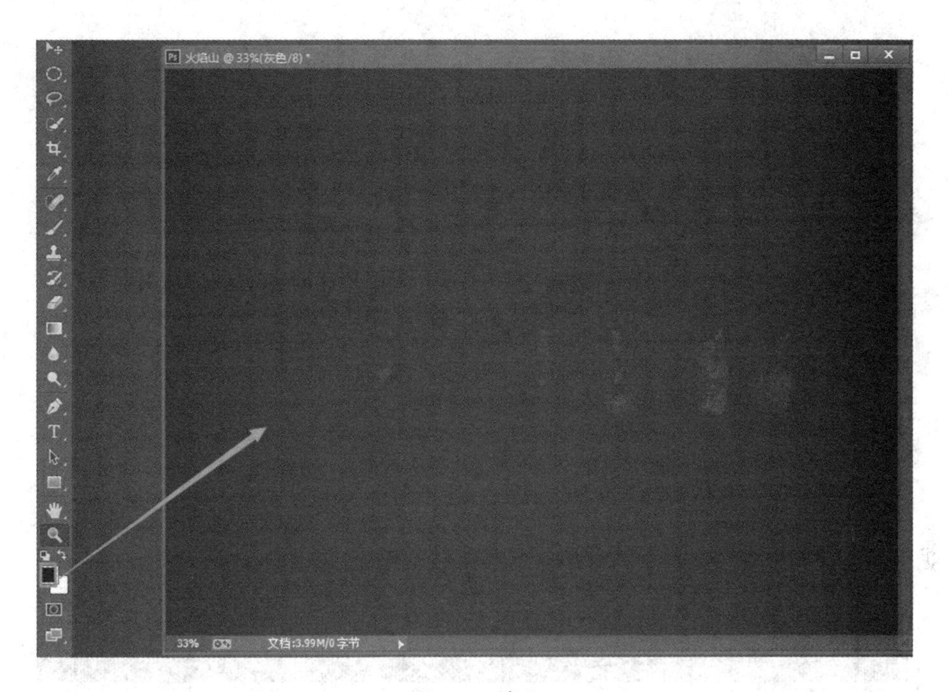

图 4–3　填充

3. 选择“横排文字工具”设置字体的参数。如图 4–4。

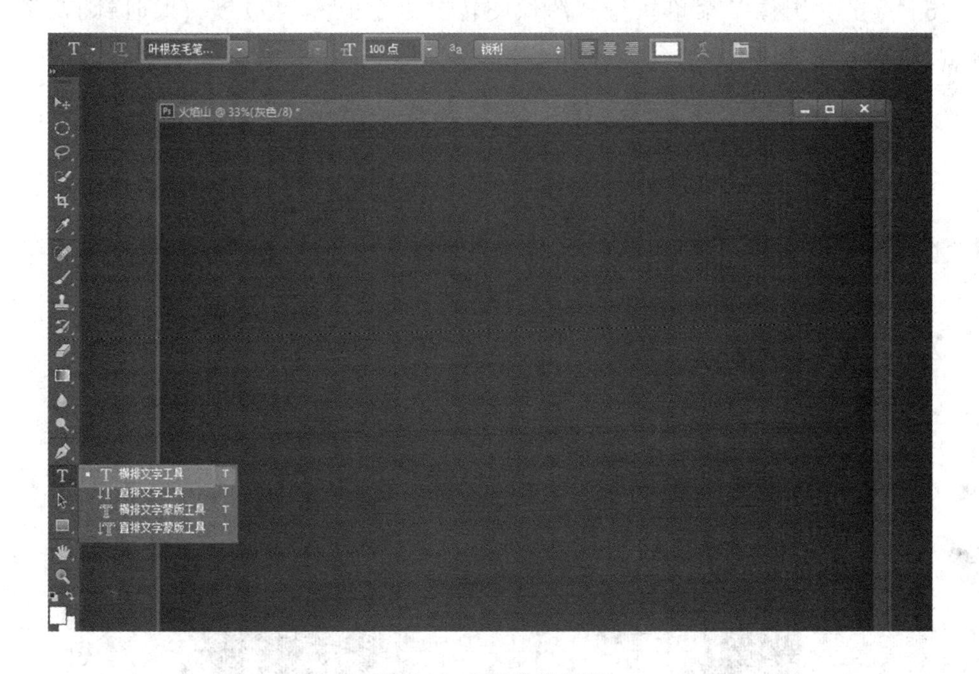

图 4–4　文字参数设置

4. 输入字体“火焰山”。如图 4–5。

图 4–5 “火焰山”字体

5. 按“Ctrl+E”键将两个图层合并为一个图层。如图 4–6。

图 4–6 图层合并

6. 点击“图像”菜单执行“图像旋转”命令中的“90 度（顺时针）”子命令，旋转图像。如图4–7。

图 4–7 顺时针旋转画布

7. 旋转效果如图 4-8。

图 4-8　旋转效果图

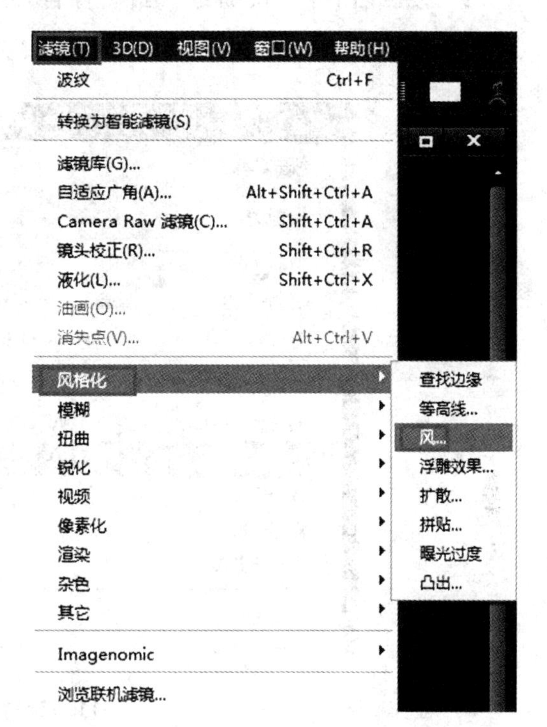

图 4-9　风

8. 点击“滤镜”菜单执行“风格化”中的“风”子命令，给图像加风的效果。如图 4-9、图 4-10。

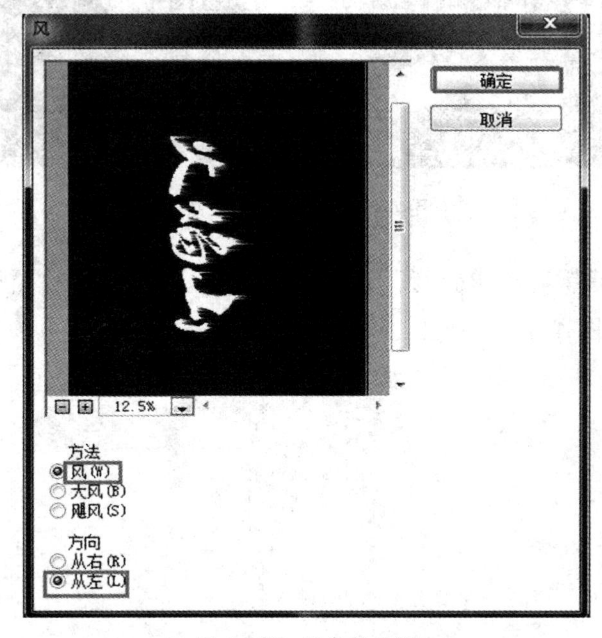

图 4-10　风参数设置

9. 按“Ctrl+F”快捷键，给图像再加一次风的效果并90度逆时针旋转图像(也可以按实际效果再添加一次风的效果)。如图4-11、图4-12。

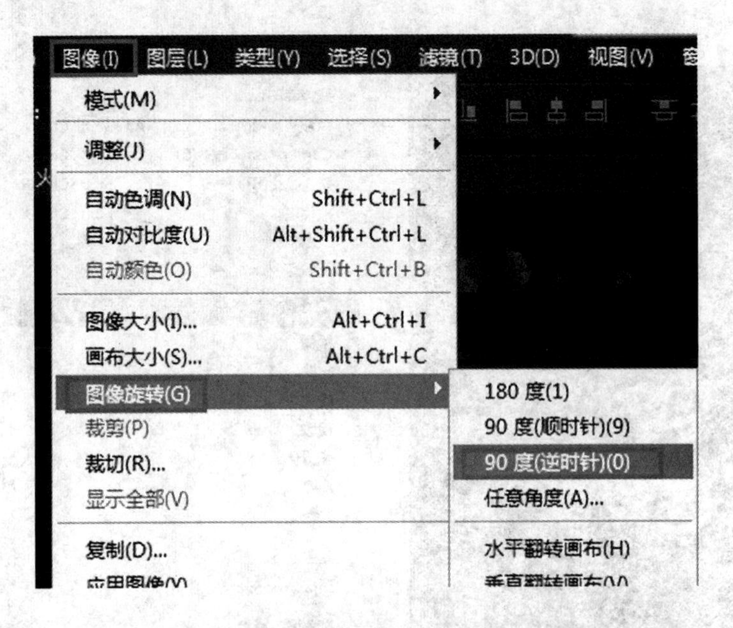

图4-11 逆时针旋转图像

图4-12 旋转后的效果

10. 点击“滤镜”菜单执行“扭曲”的子命令“波纹”，给图像加波纹的效果。如图4-13、图4-14。

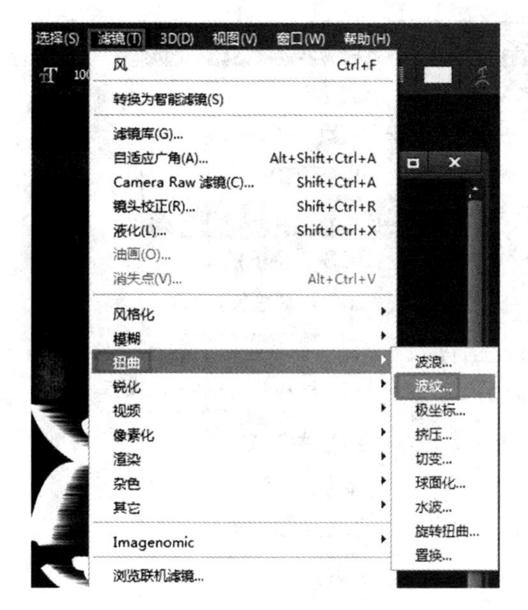

图 4–13 波纹

图 4–14 波纹参数设置

11. 波纹效果如图 4–15。

图 4–15 波纹效果

12. 点击“图像”菜单执行“模式”的“索引颜色”子命令，把图像的“灰度”模式改为“索引颜色”，激活“颜色表”命令。如图 4–16、图 4–17。

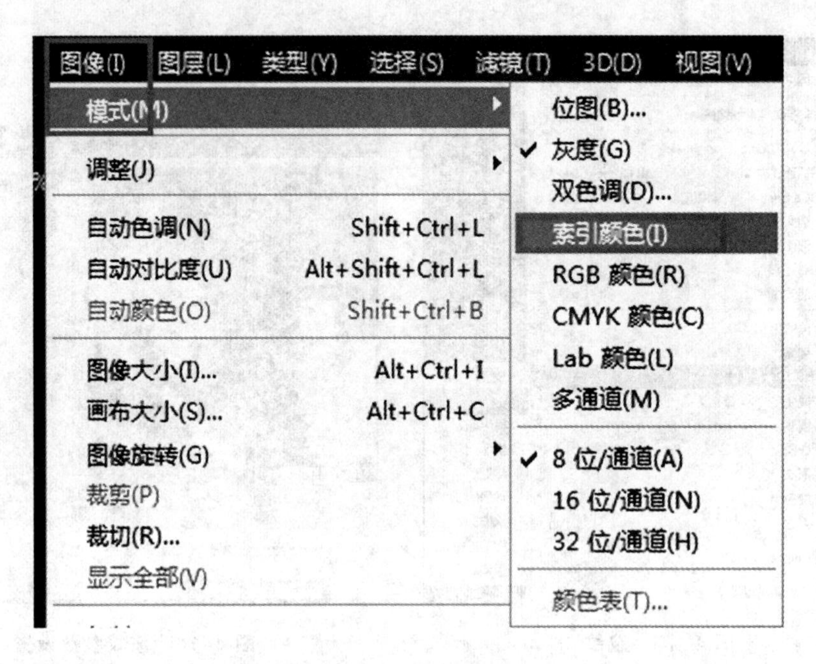

图 4-16 索引颜色

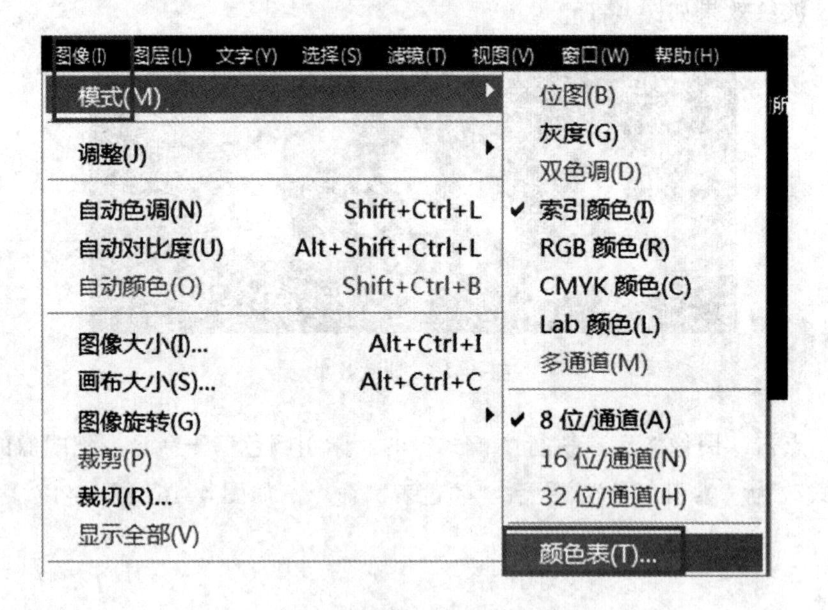

图 4-17 颜色表

13. 在颜色表里选择黑体，火焰字的效果就出来了。如图 4-18、图 4-19。

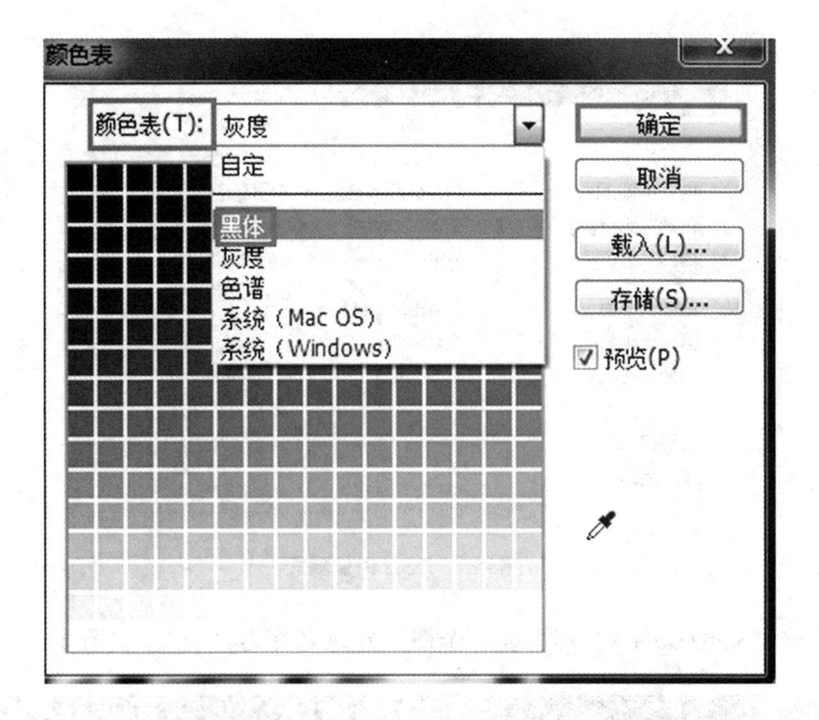

图 4-18　颜色表

图 4-19　火焰效果

1.2　添加背景

为了突出主题，用画笔加上火山的丰富细节。

14. 点击“图像”菜单执行“RGB 颜色模式”命令，更改图像模式为“RGB 颜色模式（根据设计作品的用途，如果是制作动画，可以设定 RGB 颜色模式，如果是印刷，则必须设定 CMYK 颜色模式）。如图 4-20。

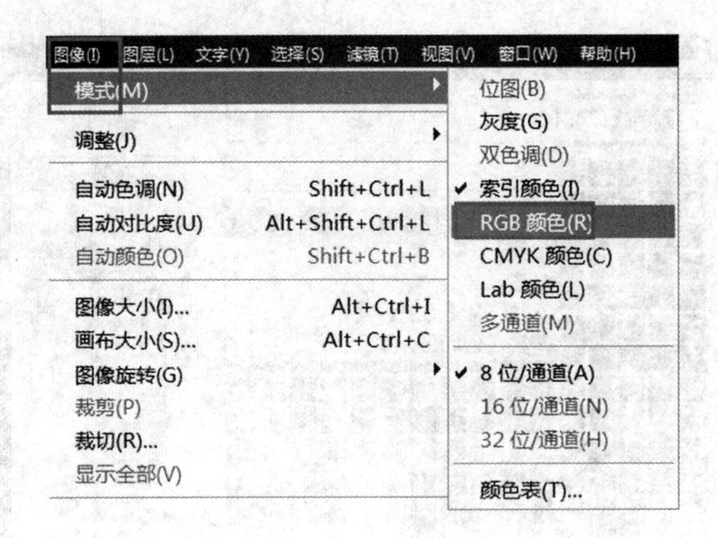

图 4–20　RGB 图像模式

15. 按“Shift+Ctrl+N”键新建一个图层并改名称为“山”。如图 4–21。

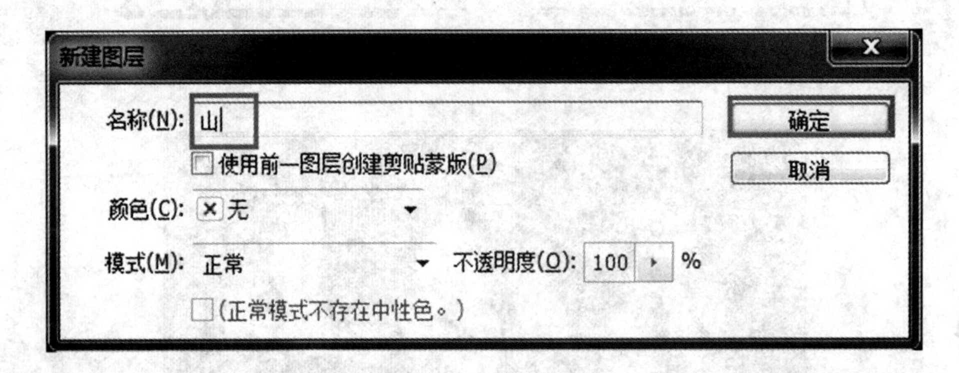

图 4–21　新建图层

16. 选择工具箱的画笔工具，在工具箱属性栏里点击如图 4–22 标示的 A 处打开“画笔预设”选取器，点击 B 处从弹出的下拉菜单中选择“载入画笔”命令。

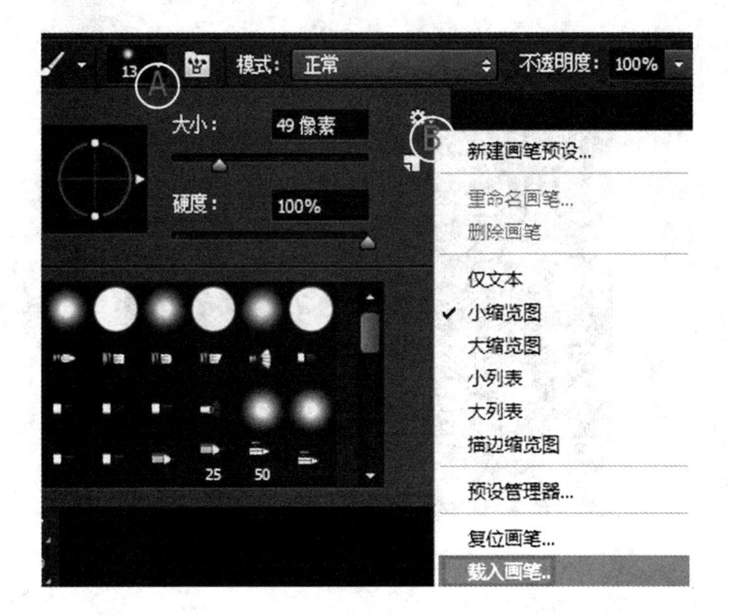

图 4–22　载入画笔

17. 在载入框里选择“画笔”。如 4–23。

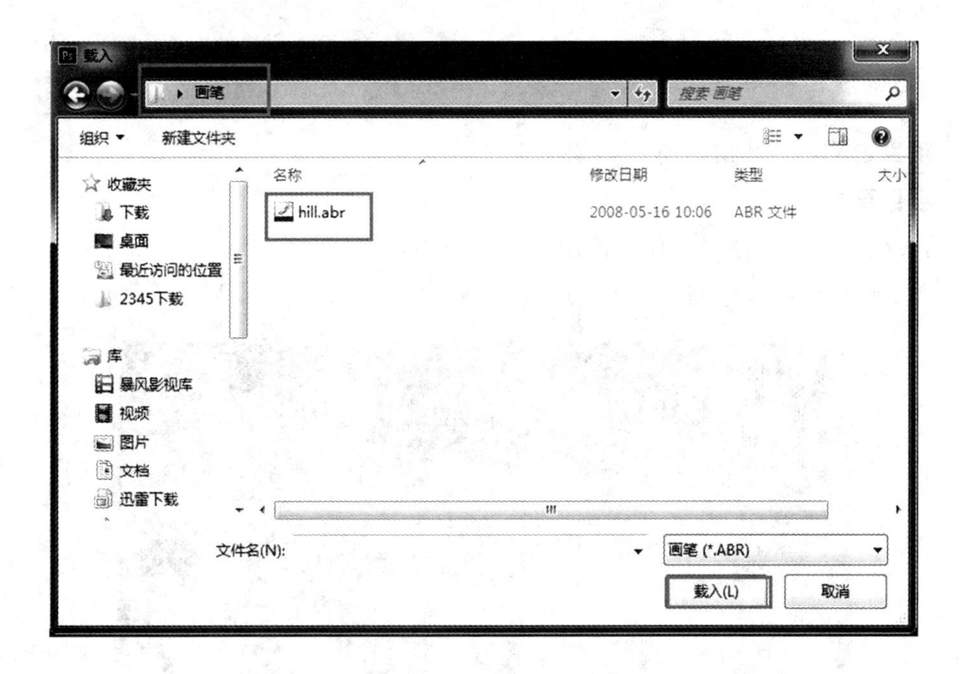

图 4–23　选择要载入的画笔

18. 在“画笔预设”选取器里，看到最后的五个画笔是刚载入的山的画笔。如图 4–24。

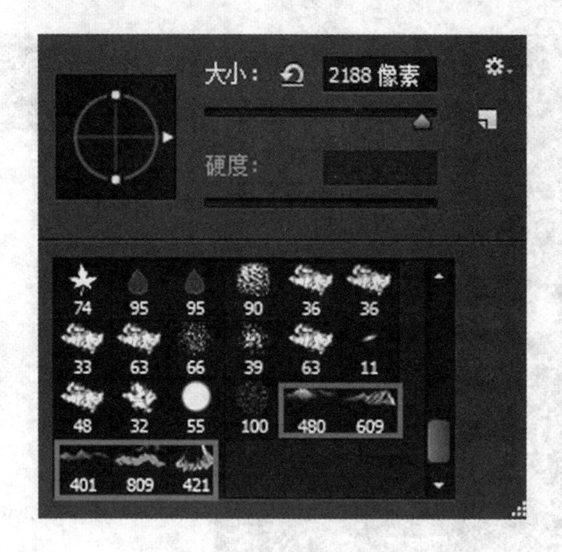

图 4-24 山形状的画笔

19. 选择喜欢的山的造型，选择前景色为 R=195、G=111、B=37 或 R=245、G=78、B=4，用山画笔在新图层上绘制，从而达到所需要的最终效果。如图 4-1 (见 96 页)。

1.3 项目拓展

项目名称：“冰山一角” 字体设计

项目要求：

1. 根据掌握的技能制作“冰山一角”效果。
2. 效果如图 4-25 所示。

图 4-25 “冰山一角”参考图

操作步骤提示：打开“冰山”素材图，输入文字，添加“图层样式”为“斜面浮雕”和“外发光”并合并所有图层添加拼贴“滤镜”效果。

项目名称：书法字体的设计

项目要求：

1. 根据所掌握的功能命令，自行设计一幅“xx”书法字体的效果图。

2. 书法字体的设计制作过程中主要要有一个好的构思，在字体的选择上最好考虑行楷、隶书、篆体，给这些字体加上合适的图层样式，添加适合设计主题的背景素材。可借助滤镜来制作自己喜欢的效果。

第二节　“猴年贺卡”设计制作

项目名称：“猴年贺卡”的设计制作

项目分析：

1. 运用渐变工具和填充图案制作背景，用魔棒工具和图层样式设计主题，用自定义工具和图层样式设计文字。

2. 为了突出猴年主题，贺卡在制作中考虑了喜庆的红和代表传统年味的剪纸。

3. 用“魔棒”工具把“灯笼”“剪纸”“小猴”三副素材选取出来组成在一起，利用图层样式和形状工具丰富细节，设计出猴年贺卡。

项目目的：

掌握渐变工具和魔棒工具的使用方法，利用图层样式和自定义形状工具来丰富画面的效果。

原始素材如图 4-26、图 4-27、图 4-28。

图 4-26　剪纸

图 4-27　灯笼

图 4-28　小猴

最终效果图如图 4-29。

图 4-29 效果图

2.1 背景的设计

设计操作步骤：

1. 启动 Photoshop 选择“文件”菜单点击“新建”命令，或者按“Ctrl+N”快捷键，打开“新建”对话框，设置参数，本贺卡为电子贺卡，所以色彩模式可以设定为 RGB 色彩模式。如图 4-30。

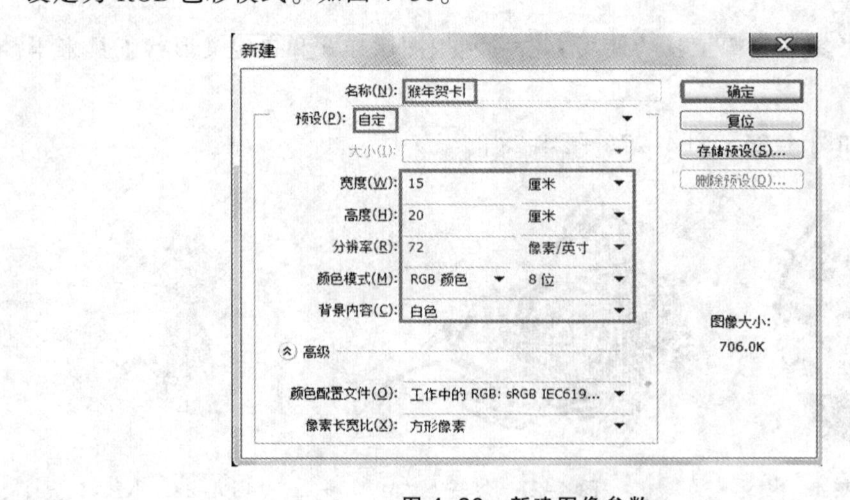

图 4-30 新建图像参数

2. 按“Shift+Ctrl+N”键新建一个图层并改名称为“背景色”。如图 4–31。

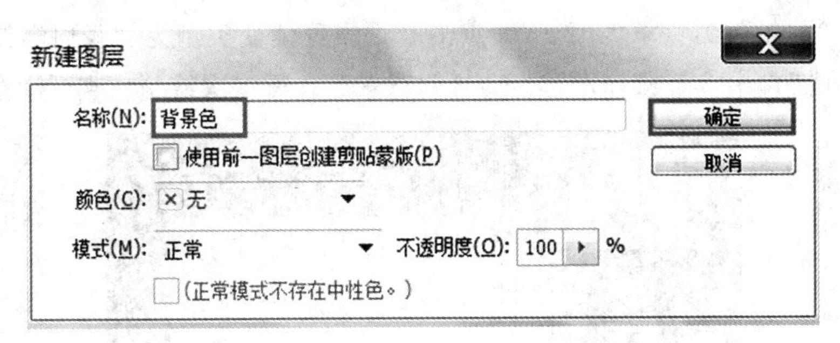

图 4–31　新建图层

3. 点击“前景色”，在拾色器里设置前景色为红色（R=255，G=0，B=0），背景色为黑色（R=0，G=0，B=0），如图4–32、图 4–33。

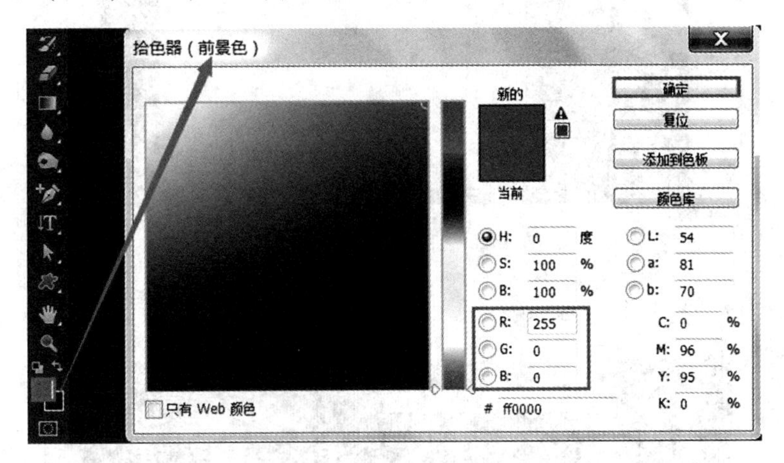

图 4–32　设置前景色

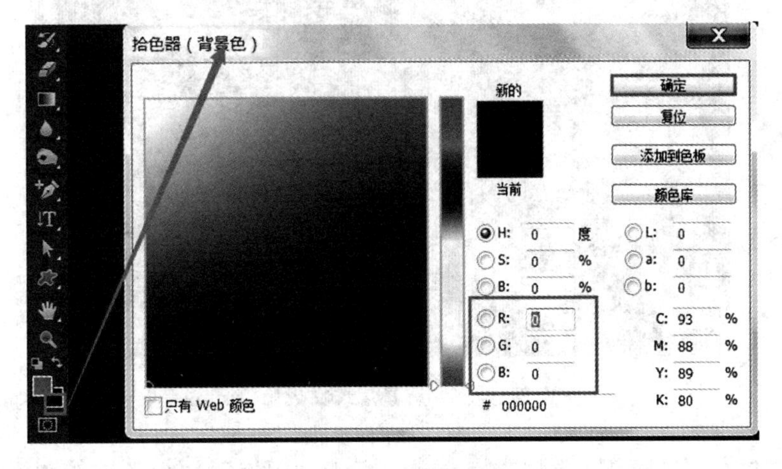

图 4–33　设置背景色

4. 选择工具箱里的渐变工具，在工具选项栏中点击如图 4-34 中标出的 A 处，选择“前景色到背景色渐变”，点击 B 处设置渐变类型为“径向渐变”，沿箭头的方向在图像中按着鼠标左键拖动绘制背景层，可多次绘制，直到满意为止。

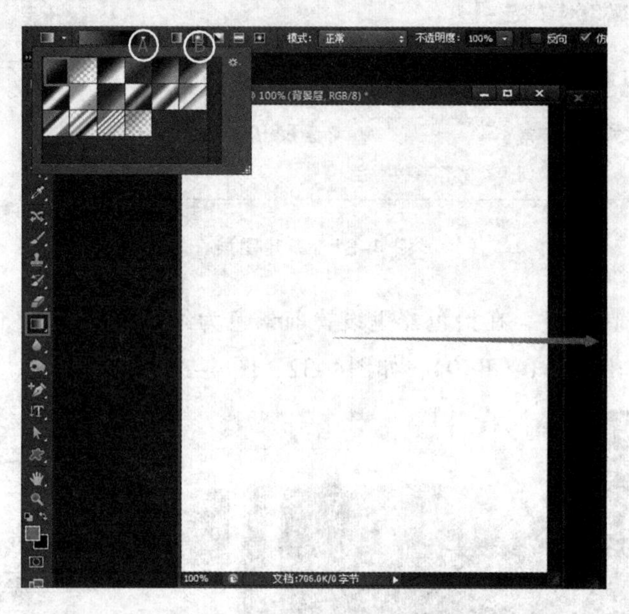

图 4-34　渐变编辑器的设置

5. 背景层效果，如图 4-35。

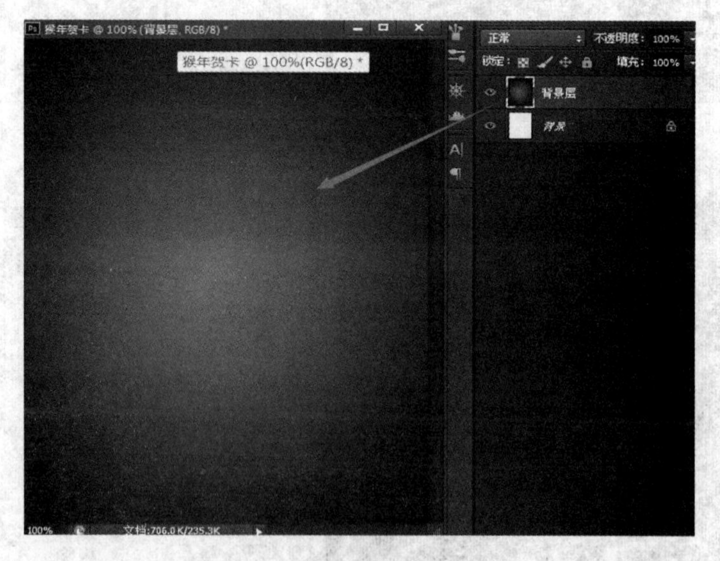

图 4-35　背景层填充效果

6. 给“背景层”图层添加图层样式，点击“图层”面板下方的“添加图层样式”按钮，选择 “斜面和浮雕”，打开“图层样式”对话框，斜面和浮雕参数的设置如图 4-36。

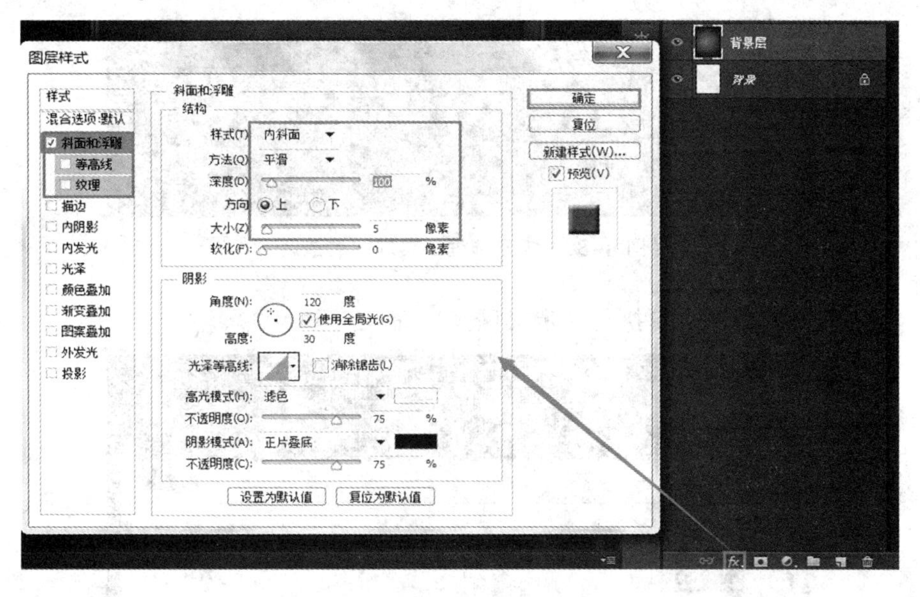

图 4-36　图层样式参数

7. 按步骤 2 的方法，创建一个新图层“背景填充”，在工具箱中选择“自定义形状工具”，点击如图 4-37 中标示的 A 处可打开“自定义形状”拾色器，点击 B 处在弹出的菜单框中点击“全部”载入全部形状。

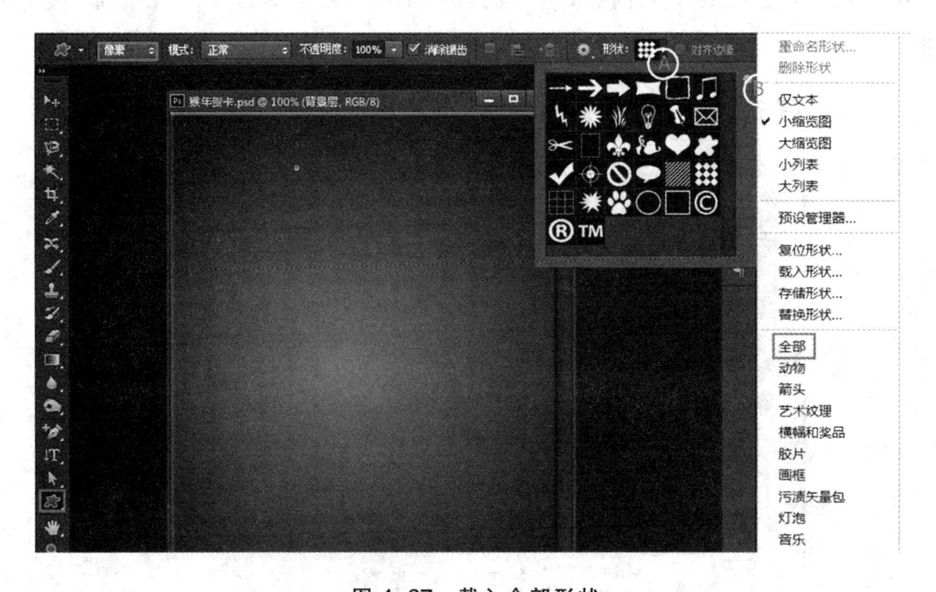

图 4-37　载入全部形状

8. 按照步骤 3 的方法设置前景色（R= 255，G=255，B=0），接着在工作区拖出一个“35×35 像素”的“装饰 8”的形状，在工具箱中用“矩形选框”工具框选住“装饰 8”形状。如图 4-38。

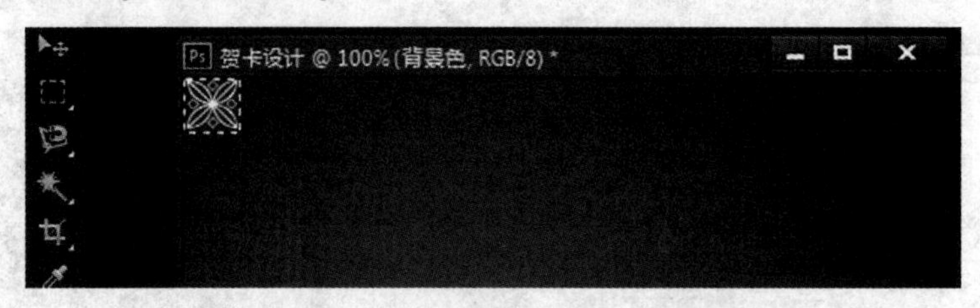

图 4-38 矩形选框工具制作的选区

9. 选择“编辑”菜单执行“定义图案”命令。图 4-39。

图 4-39 定义图案

10. 按快捷键 Ctrl+D 取消选区，选择“编辑”菜单执行“填充”命令。如图 4-40。

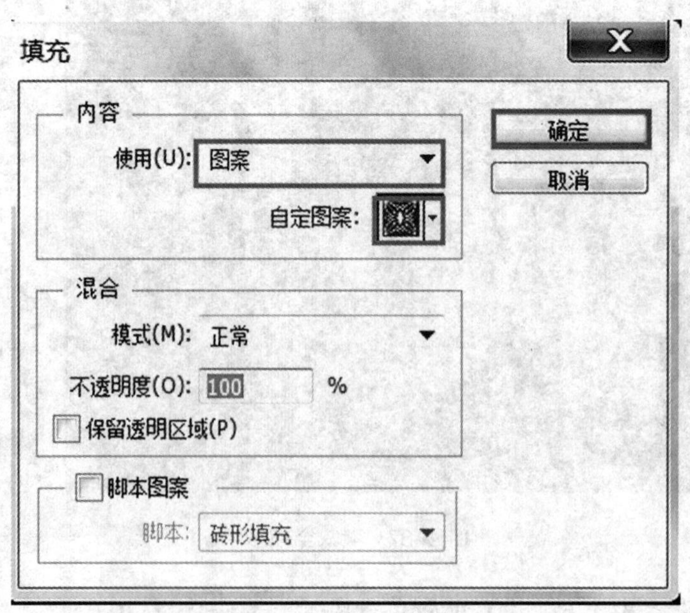

图 4-40 填充命令

11. 填充效果如图 4–41。

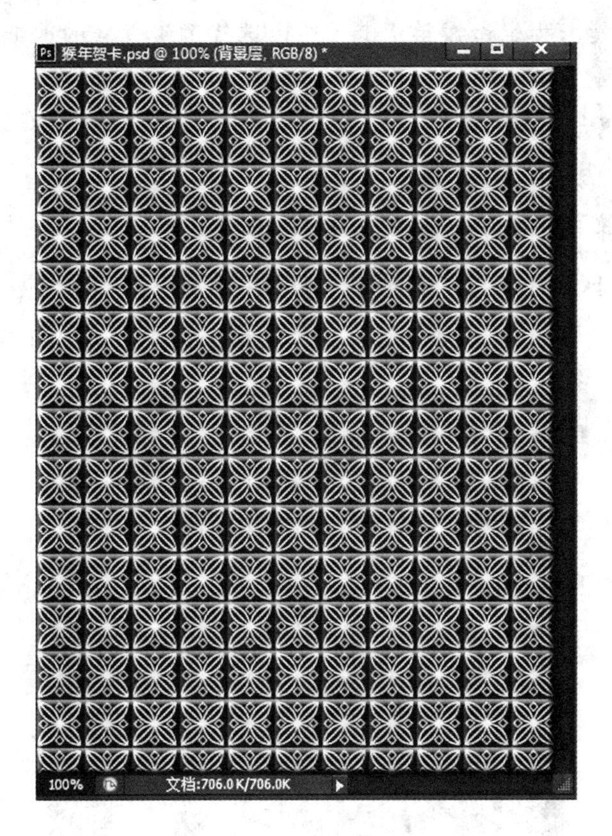

图 4–41　填充自定义图案

12. 设置“背景填充”图层混合模式为“柔光”。如图 4–42。

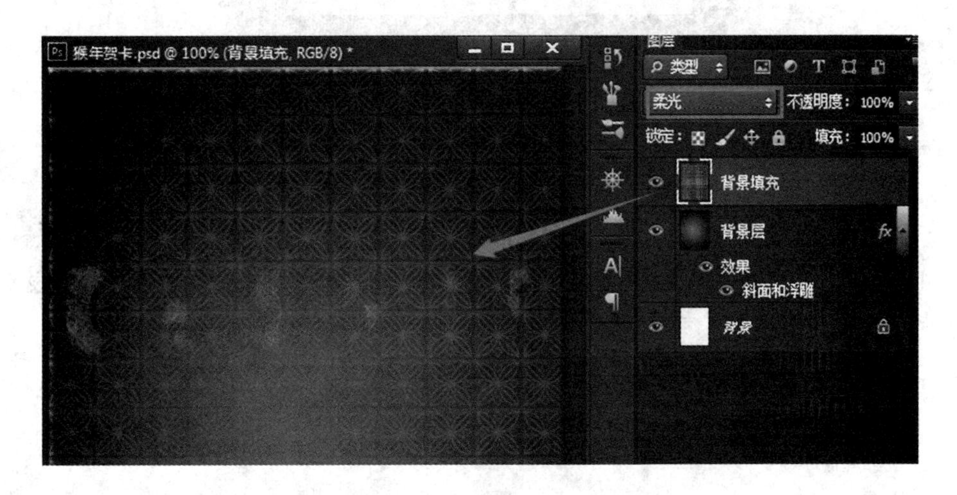

图 4–42　图层柔光模式

2.2 主题画面的设计

由于设计的贺卡为生肖猴年贺卡，所以选择了生肖猴的剪纸和带有浓郁年味的大红灯笼。

主题画面的设计步骤：

13. 按照第 2 步骤创建“福猴”图层。

14. 选择“文件”菜单，点击“打开”命令，在“打开”对话框中找到“剪纸”素材。用工具箱的魔棒工具（魔棒工具属性栏中的参数的设置，全部用系统中默认的设置）。点击“剪纸”图像中的猴子并选中。如图 4-43。

图 4-43　魔棒选中猴子

15. 按“Ctrl+C”键复制选中的猴子，再按“Ctrl+V”键粘贴到“猴卡设计”图像文件中的“福猴”图层中。如图 4-44。

图 4-44　粘贴效果

16. 用工具箱的移动工具把“猴子”移动到“贺卡设计”图像文件中合适的位置，按“Ctrl+T”键调整图像的大小。如图 4-45。

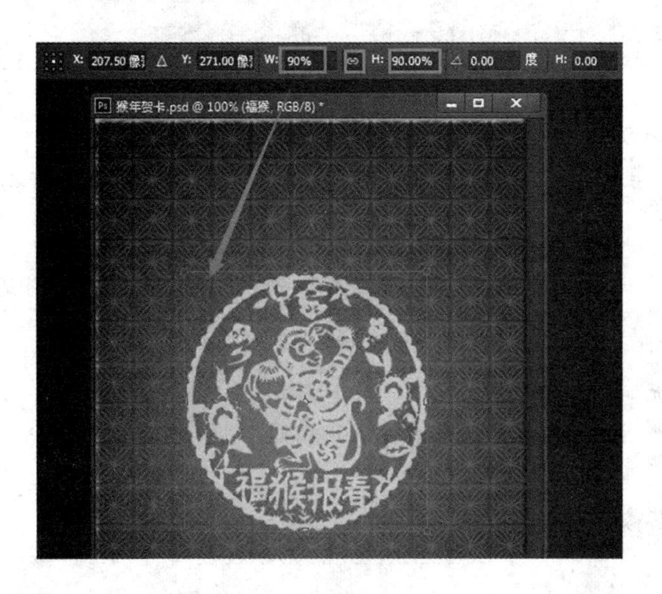

图 4-45　调整图像大小

17. 给“福猴”图层添加图层样式，点击“图层”面板下方的“添加图层样式按钮”，设置斜面浮雕和投影样式。如图 4-46、图 4-47。

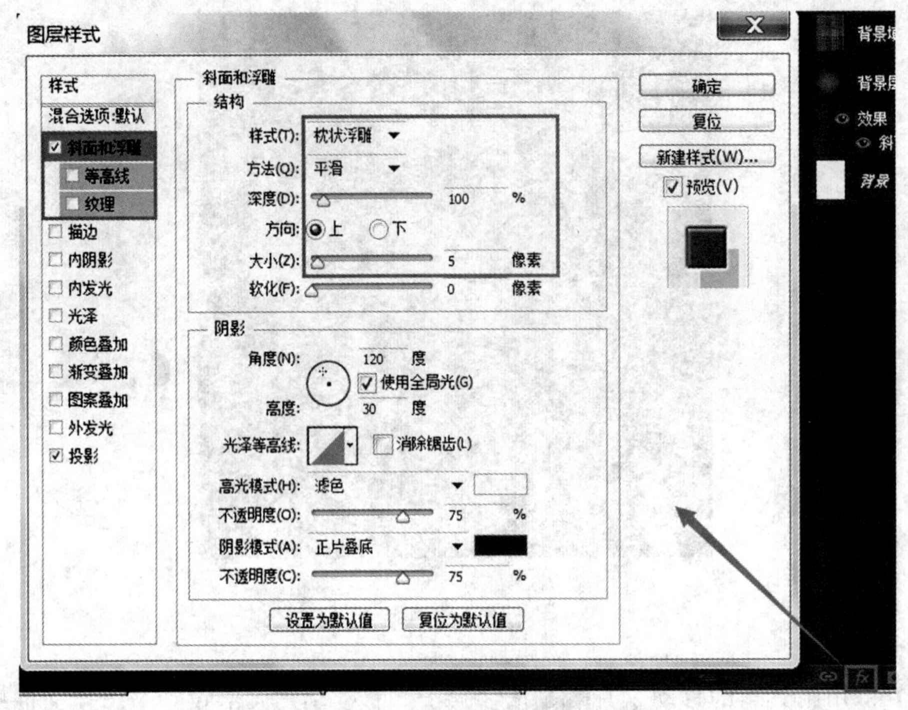

图 4-46　斜面和浮雕参数

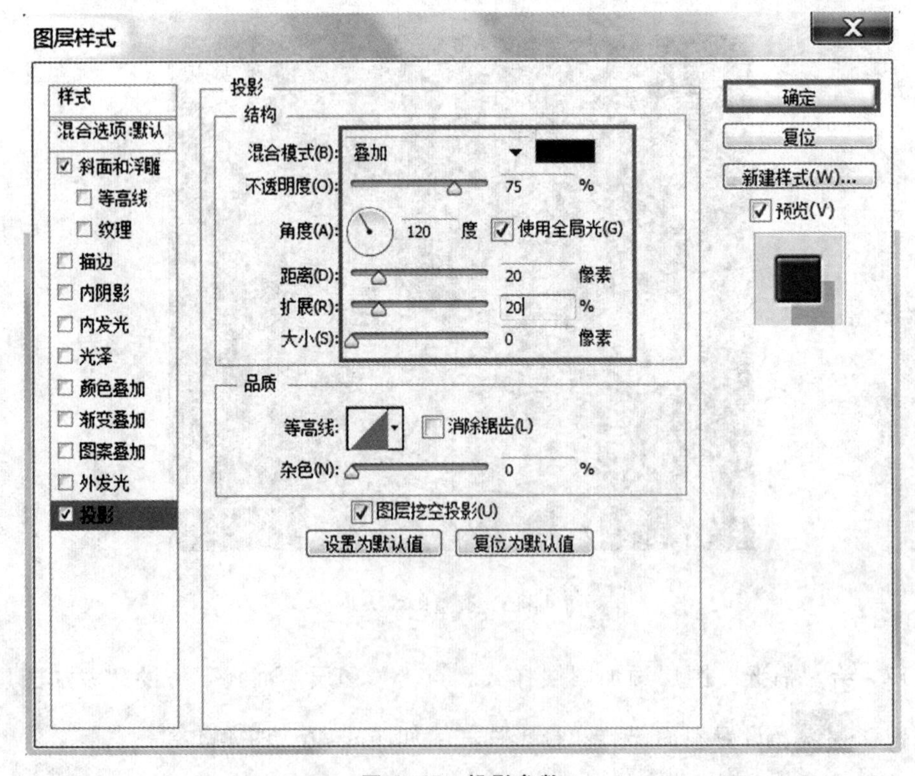

图 4-47　投影参数

18. 按照步骤 13—16 制作灯笼图层。灯笼图层添加的图层样式为“样式”面板和“摄影”效果里的“内斜面投影”。如图 4–48。

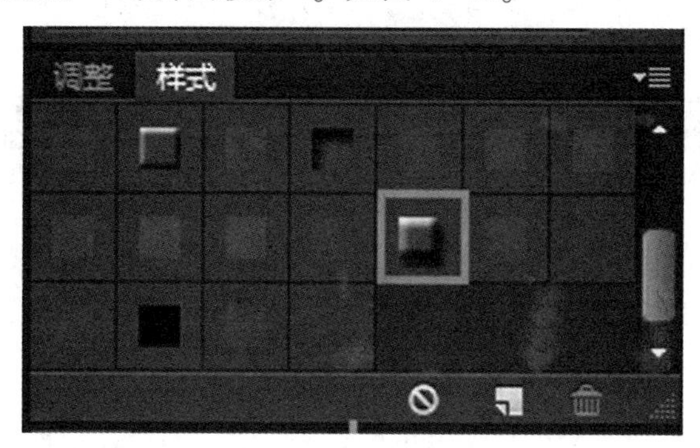

图 4–48　样式面板设置

19. 添加灯笼的效果图如图 4–49。

图 4–49　添加灯笼的效果

2.3　文字的设计

文字的设计往往起到一个画龙点睛的作用，在文字的设计上要符合作品的整体设计思想，本节文字的设计主要应用到图层样式和自定义形状工具。

20. 单击工具箱中的横排文字工具 ，输入数字 20，然后在工具选项栏上设置字体为 Bradley Hand ITC 字体，大小为 72 点，颜色为黄色（R=255，G=180，B=3），设置消除锯齿的方法为锐利。如图 4-50、图 4-51。

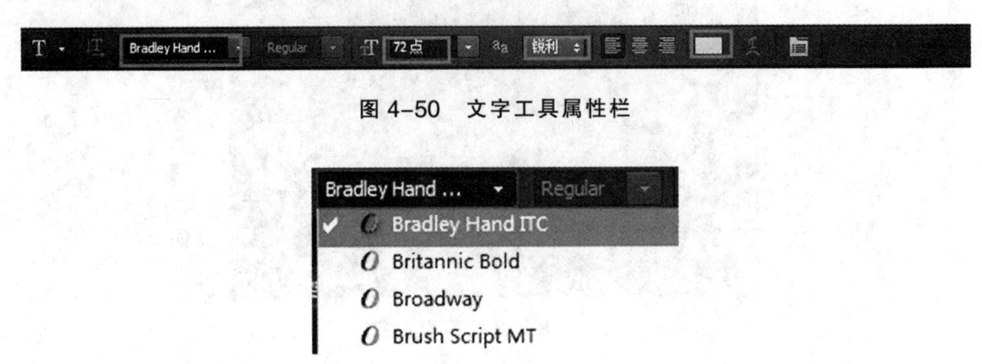

图 4-50　文字工具属性栏

图 4-51　文字字体

21. 为“20”文字图层添加同“灯笼”图层的样式。

22. 按“Shift+Ctrl+N”键新建一个图层并改名称为“16”。选择“文件”菜单，点击“打开”命令，在“打开”对话框中找到“猴”素材。（跟制作“福猴”和“灯笼”图层的方法一样，所添加的图层样式也一样。）如图4-52。

图 4-52　2016 效果图

23. 单击工具箱中的横排文字工具，输入字母“Happy new year”，颜色为黄色(R=255，G=255，B=0)。如图 4-53。图层样式为外发光。如图 4-54。

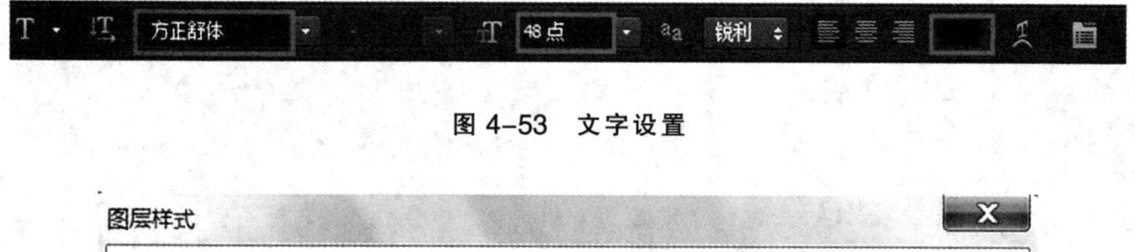

图 4-53　文字设置

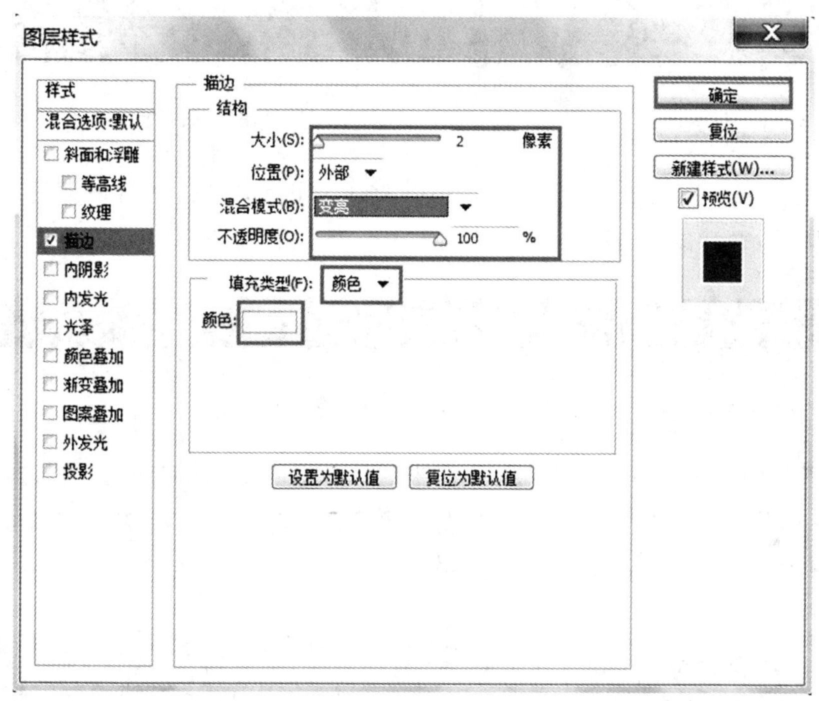

图 4-54　层样式参数

24. 单击工具箱中的横排文字工具，输入“福”字，然后在工具选项栏上设置字体为华文行楷，大小为 60 点，颜色为黄色(R=255，G=255，B=0)。如图 4-55。

图 4-55　文字设置参数

25. 按“Shift+Ctrl+N”键新建一个图层并改名称为“福圈”。在工具箱中选择自定义形状工具，在工具选项栏中设置像素，形状为“污渍 6”，接着在工作区拖出一个“污渍 6”的形状。如图 4-56、图4-57。

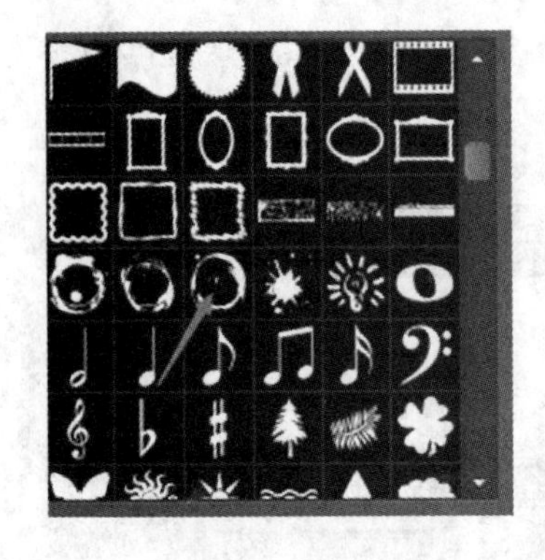

图 4-56　福圈

图 4-57　效果图

26. 单击工具箱中的竖排文字工具，输入“丙申年”，然后在工具选项栏上设置字体，参数如图 4-58。

图 4-58　文字设置参数

27. 按“Shift+Ctrl+N”键，建一个图层并改名称为“丙申框”。在工具箱中选择自定义形状工具，在工具选项栏中设置像素，形状为“边框 7”，接着在工作区拖出一个“边框 7”的形状。如图 4-59、图 4-60。

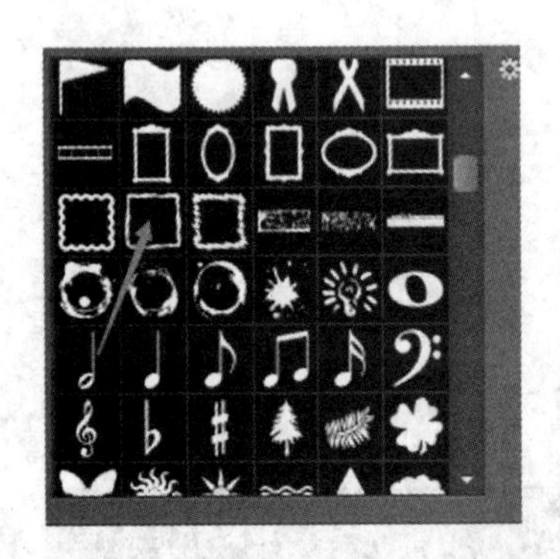

图 4-59　自定义形状拾色器

图 4-60　丙申年效果图

28. 降低“背景填充”图层的透明度。如图 4-61。

最终效果图如图 4-29（见 108 页）。

图 4-61　降低图层透明度

2.4　项目拓展

项目名称：新年贺卡

项目要求：

1. 根据上面的案例来制作“新年贺卡”。

2. 在“自定义形状 ”工具里有许多系统自带的分类形状，可以选择其中适合自己作品的元素，给这些元素添加合适的“图层样式”效果，来创建自己喜欢的新年贺卡。

3. 效果图如图 4-62。

图 4-62　效果参考图

操作步骤提示：打开“2016”素材图，用“自定义形状”工具绘制跟新年相关的图形，添加“图层样式”为“投影”。

项目名称： 环保明信片

项目要求：

1. 根据所掌握的功能命令，设计一幅“环保明信片”的效果图。

2. 环保的主题为“绿色环保低碳出行”。可设计绿色主题的背景，选择自定义形状工具里的“自行车、跑步的人物、环保的标志”为这些主题添加图层样式，来打造自己喜欢的“环保明信片”。

第三节　包装设计

项目名称： “好滋味鲜橙汁”盒装包装设计

项目分析：

1. 运用图层样式制作文字效果，用变换命令的透视制作立体效果，通过添加水平和垂直参考线来精确定位包装的各部分位置。

2. 在制作饮料包装的设计过程中，要考虑突出主题的设计。思路为：清新绿色到白色渐变，配上橙色文字、动感橙汁图案，加上红色醒目商标，使得包装的设计简单明了。

项目目的：

掌握参考线的添加，精确定位对象位置，熟练运用变换命令。

饮料盒的包装设计最终效果图如图 4-63。

图 4-63　最终效果图

3.1　包装盒的正面设计

饮料包装的正面设计制作步骤如下：

1. 启动 Photoshop 选择“文件”菜单点击“新建”命令，或者按“Ctrl+N”快捷键，打开“新建”对话框，设置参数。如图 4-64。

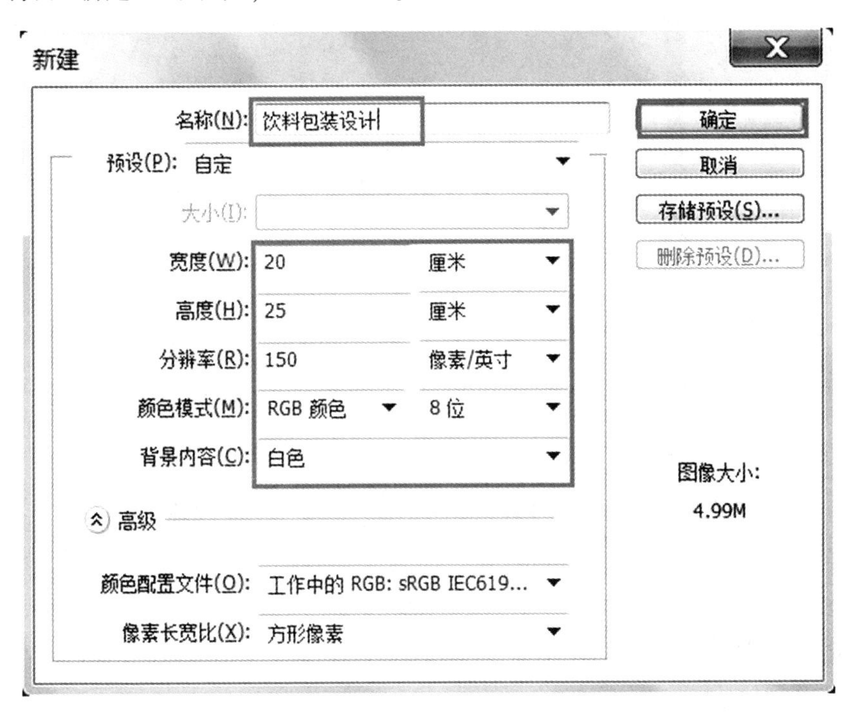

图 4-64　新建图像参数

2. 按“Ctrl+R”键打开标尺，为了精确定位需要建立垂直和水平方向的参考线。点击“视图”菜单执行“新建参考线”命令，给图像添加垂直和水平方向的参考线。垂直参考线的位置分别为“2、8、18”，单位为“厘米”；水平参考线的位置分别为“2、23”，单位为“厘米”。如图 4-65、图 4-66。

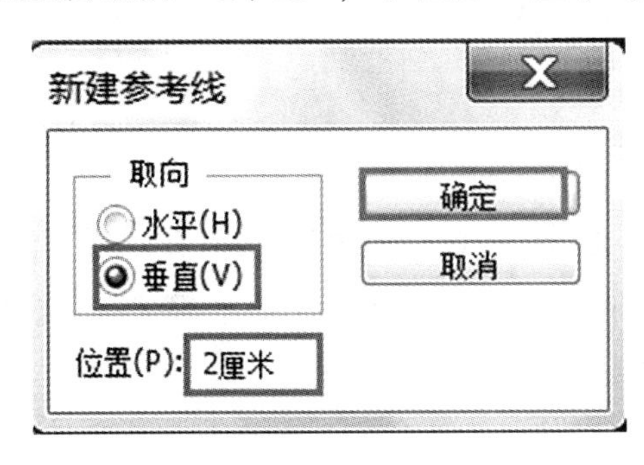

图 4-65　垂直参考线

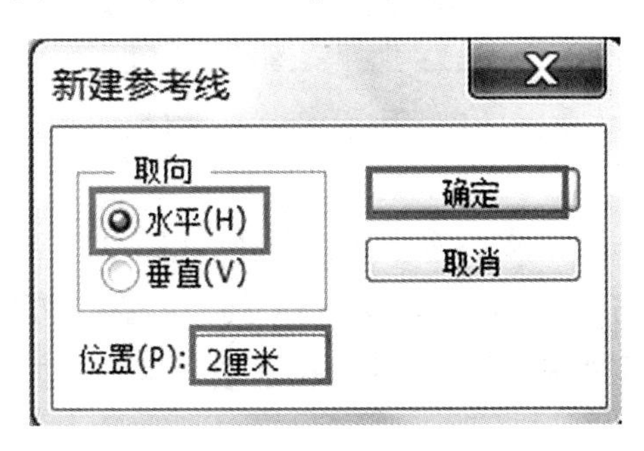

图 4-66　水平参考线

3. 建立好参考线的效果图像文件。如图 4–67。

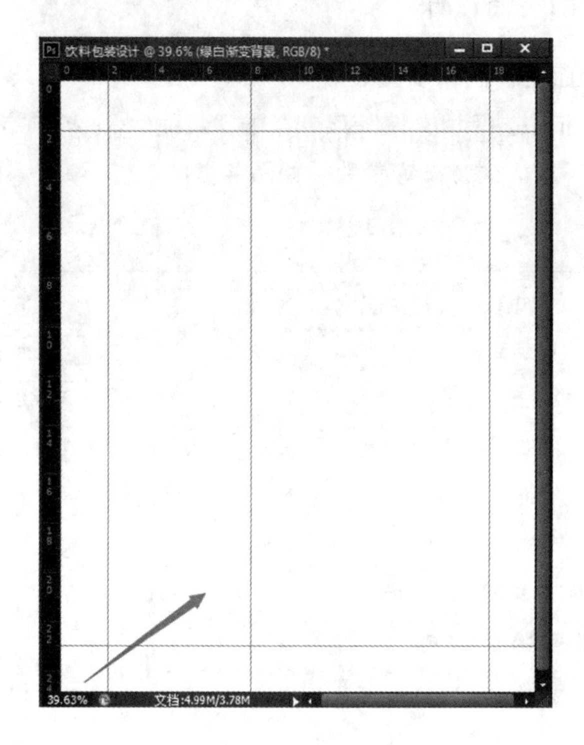

图 4–67 添加的参考线

4. 按“Ctrl+Shift+N”键新建一个图层并改名称为“绿白渐变背景”。如图 4–68。

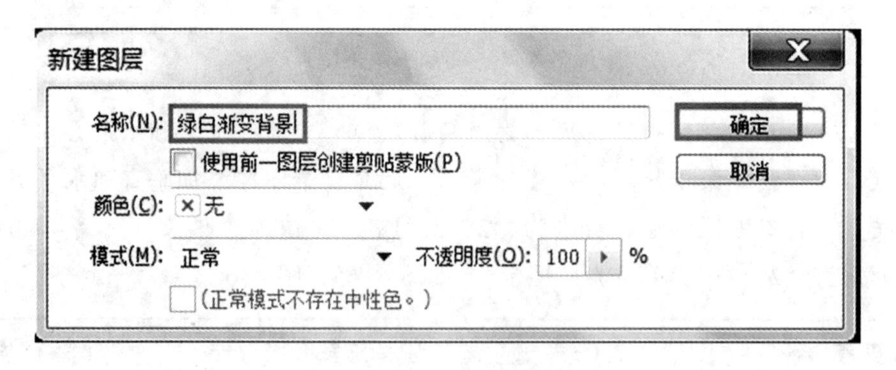

图 4–68 新建图层参数

5. 设置前景色为绿色（R=0，G=100，B=0）、背景色为白色（R=255，G=255，B=255），用渐变工具，点击“可编辑渐变——前景色到背景色渐变”，选择“线性渐变”，拖动鼠标从上到下填充。如图 4–69。

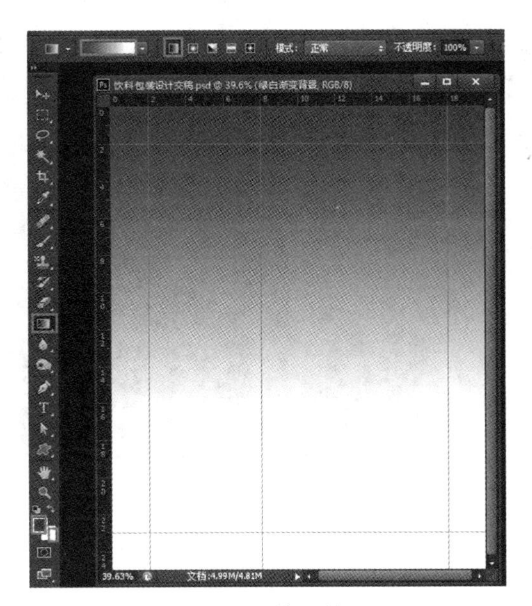

图 4-69　填充效果

6. 选择“文件”菜单，点击“打开”命令，在“打开”对话框中找到“橙子”素材，用工具箱的“魔棒工具”点击“橙子”图像中的白色背景。如图图 4-70。

图 4-70　魔棒选中白色背景

7. 按“Ctrl+Shift+I”键反选橙子，按“Ctrl+C”复制选中的橙子，再按“Ctrl+V”键将“橙子”粘贴到“饮料包装设计”图像文件中，选择工具箱里的移动工具来改变图像的位置，把新产生的“图层一”改名为“橙子”。如图 4-71。

图 4–71　粘贴的橙子效果

8. 选择工具箱里的“横排文字工具” ，输入“鲜橙汁”，文字设置参数如图4–72。

图 4–72　文字参数

9. 选择“图层”菜单，点击“图层样式”命令里的“描边”，给“鲜橙汁”文字图层添加图层样式，所描橙色为 RGB 模式（R=255，G=156，B=0），在印刷时需换成 CMYK 模式。图层样式参数如图 4–73。

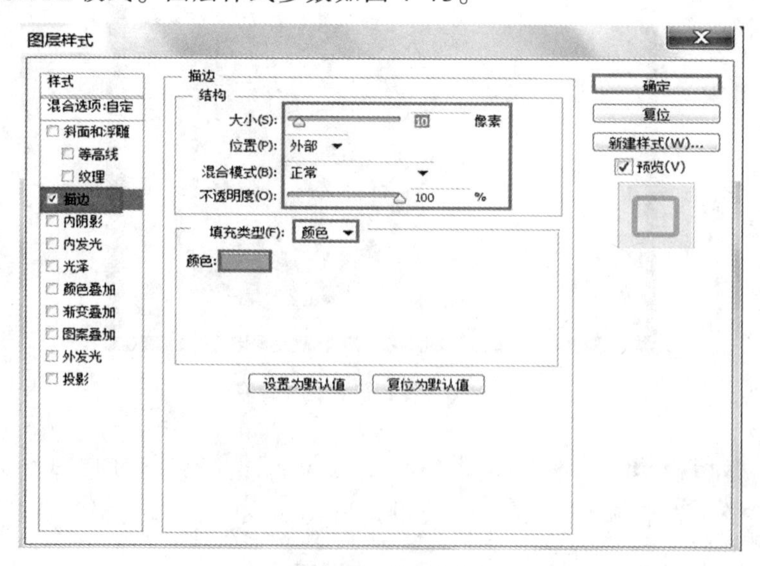

图 4–73　描边参数

10. 按步骤 4 新建“商标”图层，选择“自定义形状”工具，点击如图 4–74 中所标示的“A”处打开“自定义形状”拾色器，点击“B”处，从下拉菜单中选择“全部”命令。

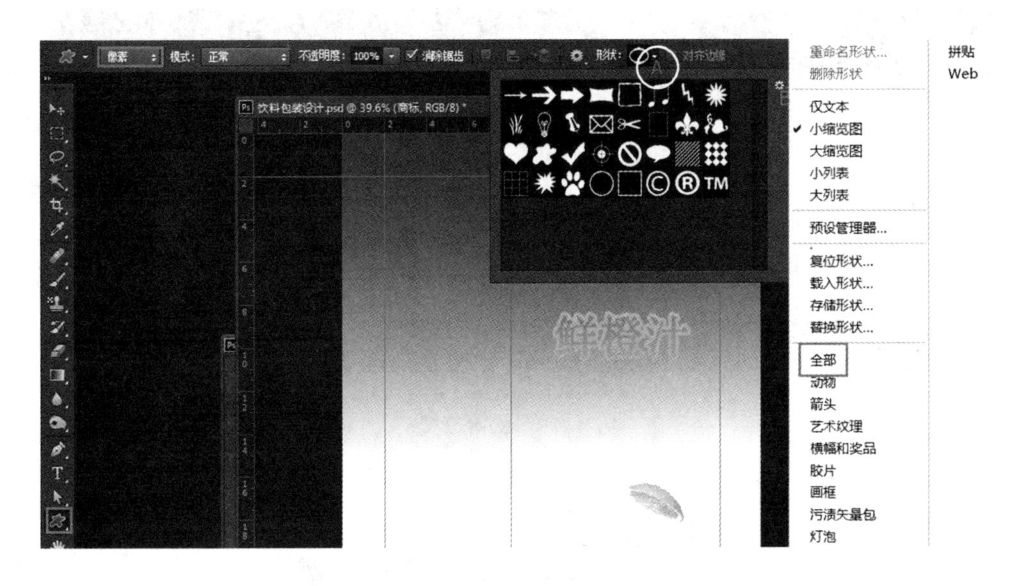

图 4–74　载入全部形状

11. 设置前景色为大红色（R=255、G=0、B=0，在印刷时需换成 CMYK 模式），选择“边框 4”形状，在“商标”图层上绘制“边框 4”形状。给“商标”图层添加“图层样式”，点击“样式”工作面板，点击图 4–75 中标示的“A”处，从下拉菜单中选择“文字效果 2”。如图 4–76、图 4–77。

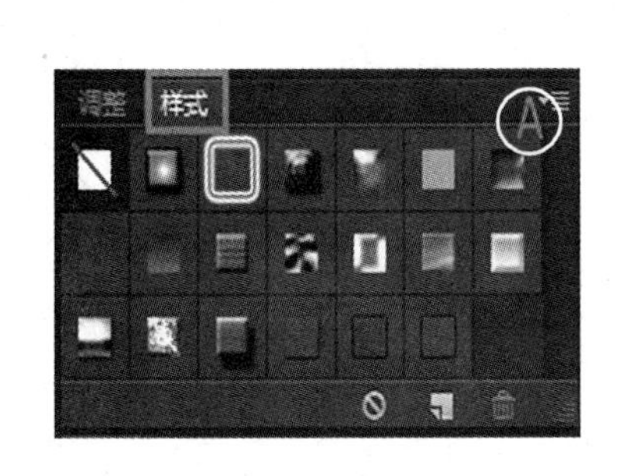

图 4–75 样式面板

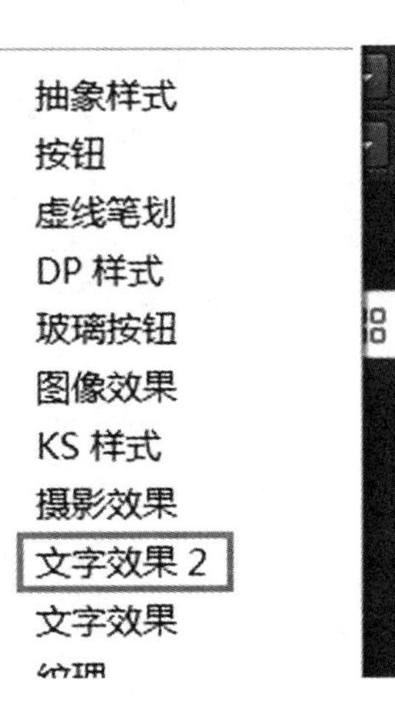

图 4–76 下拉菜单

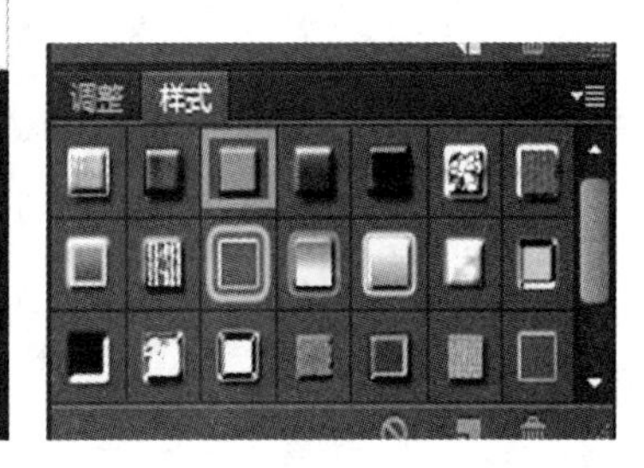

图 4–77 鲜红色斜面

12. 选择工具箱里的“横排文字工具” T，输入“好滋味”。文字设置如图 4–78。

图 4–78 文字设置

13. 选择工具箱里的“横排文字工具” T，输入“净含量：1L”，文字设置为绿色（R=0、G=120、B=0，在印刷时需换成 CMYK 模式）。文字设置如图 4–79。

图 4–79 文字设置

14. 到此，正面设置完成了。如图 4–80。

图 4–80 正面效果图

3.2　包装盒的侧面设计

侧面设计步骤如下

15. 点击“好滋味”图层，按“Ctrl”键加选“商标”图层，点击“链接图层”按钮。按“Alt”键用工具移动到侧面设计区域的合适位置并按“Ctrl+T”快捷键调整商标的大小。如图 4-81、图 4-82。

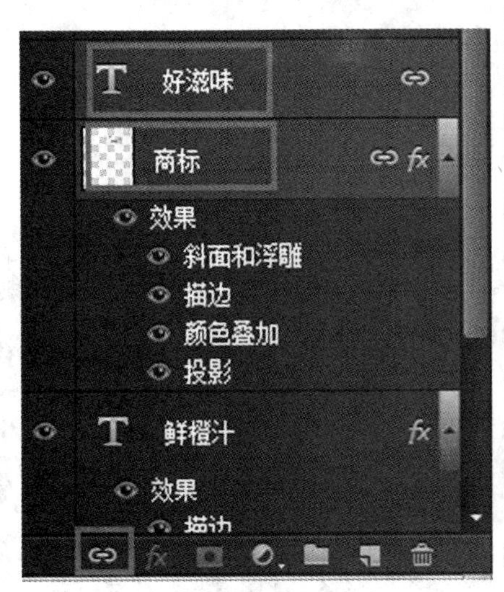

图 4-81　链接图层

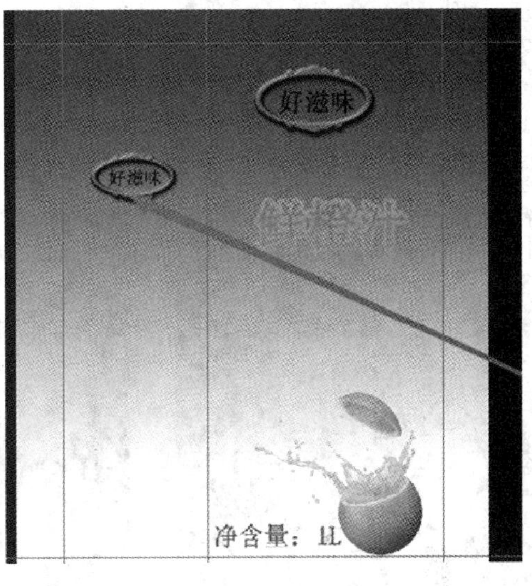

图 4-82　侧面商标的位置

16. 按“Ctrl+E”键将移动复制的“好滋味副本”和“商标副本”合并为一个图层，改名称为“侧面商标”。如图 4-83。

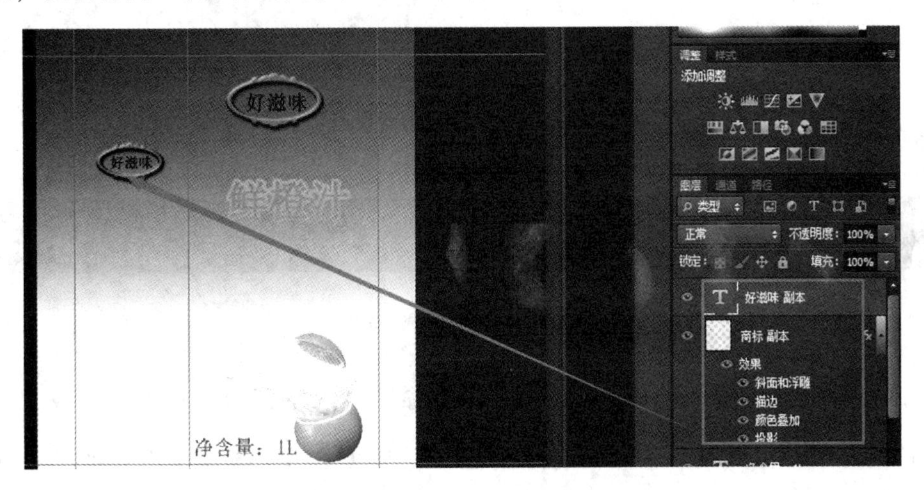

图 4-83　合并侧面商标

17. 选“净含量”为当前图层，按“Shift”键点击“橙子”图层，选中五个连续的图层，按“Ctrl+E”键将这五个图层合并为一个图层并改名称为“正面设计”。如图 4-84、图 4-85。

图 4-84　选中图层

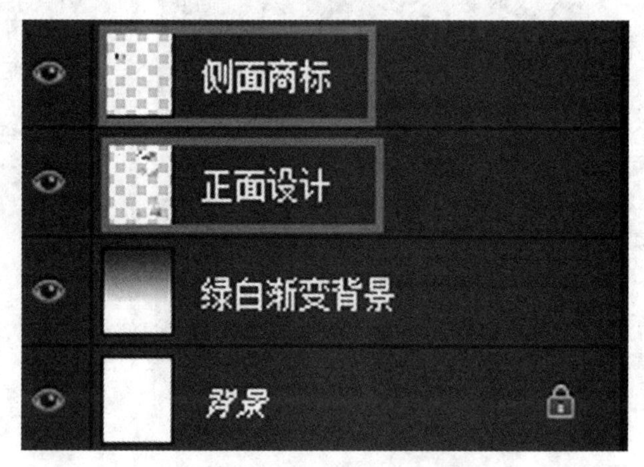

图 4-85　合并后的图层

18. 选择工具箱里的“横排文字工具” T，输入“生产厂商：菏泽好滋味、生产日期：见包装封口、保质期：12 个月、电话：2351467”等文字。文字设置如图 4-86。

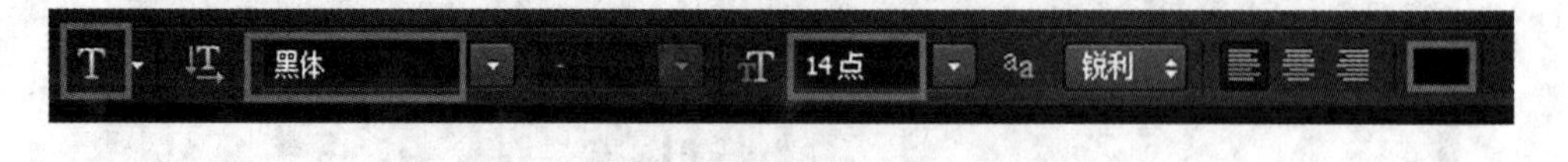

图 4-86　文字设置参数

19. 选择“文件”菜单，点击“打开”命令，在“打开”对话框中找到“条形码”素材，用工具移动的合适的位置，按“Ctrl+T”键调整图像的大小和位置。如图4-87。

图 4-87　条形码位置及大小

20. 用步骤 19 的方法把“生产许可”标示放到合适的位置。如图 4-88。

图 4-88　生产许可位置

21. 选中图层并拼合。如图 4-89、图 4-90。

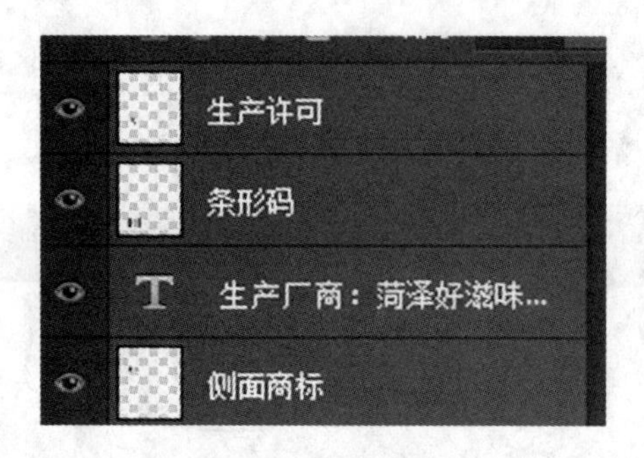

图 4–89　选中图层

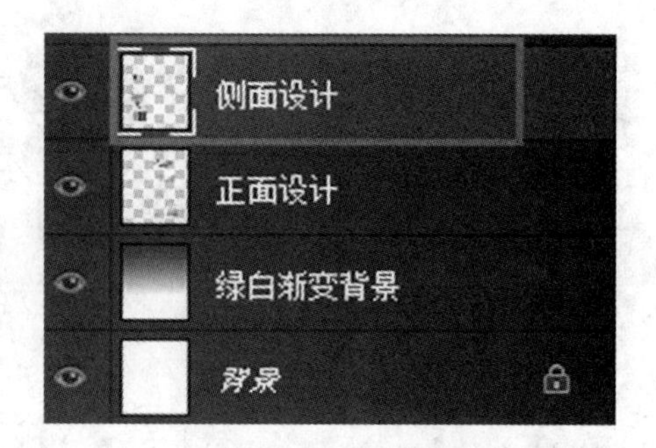

图 4–90　合并图层

3.3　包装盒的立体设计

22. 合并除背景层外的所有图层（也可省略此步骤不进行图层合并，以备以后修改），改名为“包装平面图”。如图 4–91。

图 4–91　合并图层

23. 用 “矩形选框” 工具，框选 “包装平面图” 中的侧面和正面，按 “Ctrl+J” 键复制图层，分别改名称为 “侧面” 和 “正面”。删除 “包装平面图” 图层。如图 4–92、图 4–93、图 4–94、图 4–95。

图 4–92　框选侧面

图 4–93　框选正面

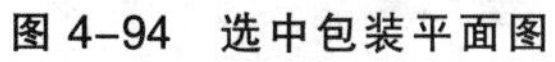
图 4-94　选中包装平面图

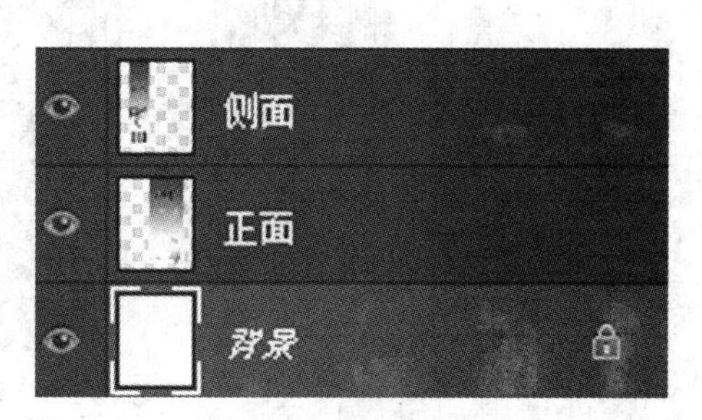

图 4-95　删除包装平面图

24. 新建图层“封口”添加垂直参考线的位置为“4.5、5、5.5”单位为“厘米”。如图 4-96、图4-97。

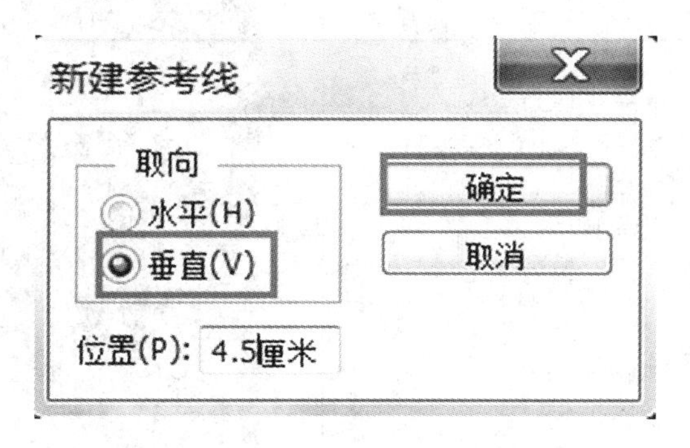

图 4-96　参考线设置

图 4-97　参考线位置

25. 用“多边形套索” 工具绘制三角形。如图 4-98。

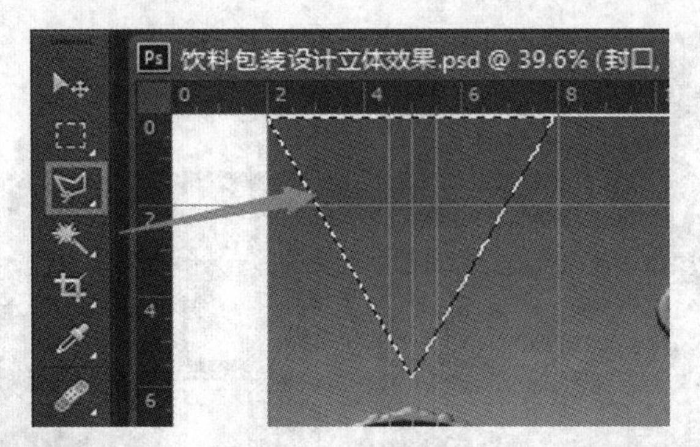

图 4–98 绘制三角形

26. 选择“编辑”菜单，点击“描边”命令给三角形描边。如图 4–99、图 4–100。

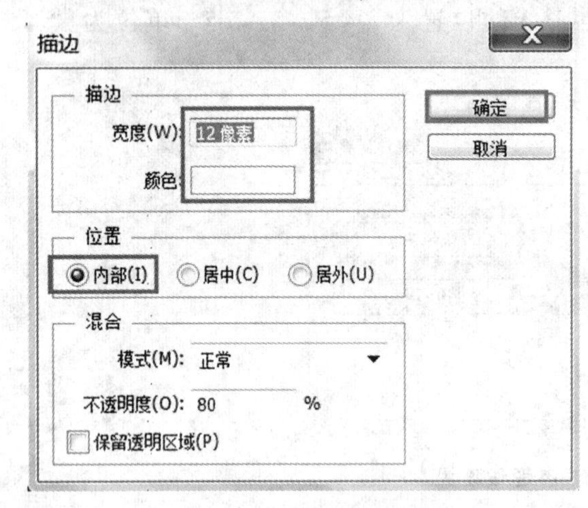

图 4–99 描边参数设置

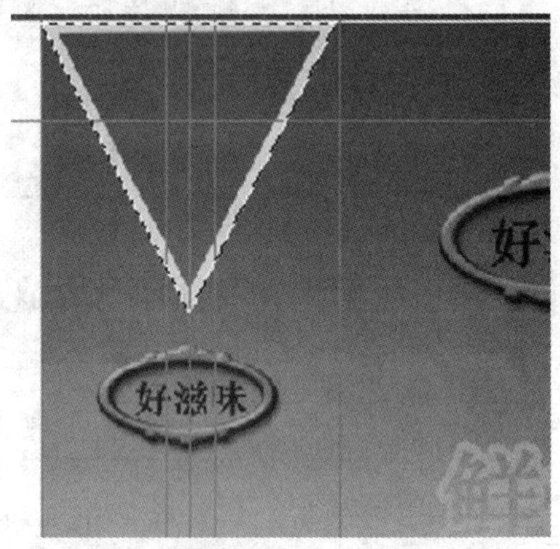

图 4–100 描边效果

27. 给“封口”图层添加图层样式，选择图层样式面板“按钮”中的“斜面”。如图 4–101、图 4–102。

图 4–101 样式面板

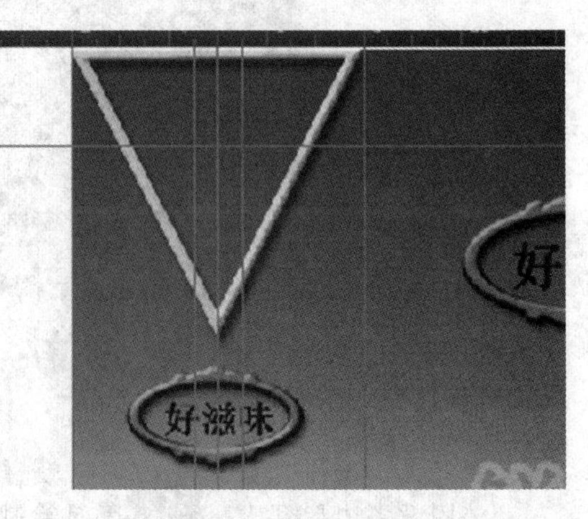

图 4–102 样式效果

28. 新建“拉口”图层，添加和“封口”一样的图层样式效果。如图 4–103。

29. 拼合图层（或可省略此步骤，不合并图层）。如图 4–104。

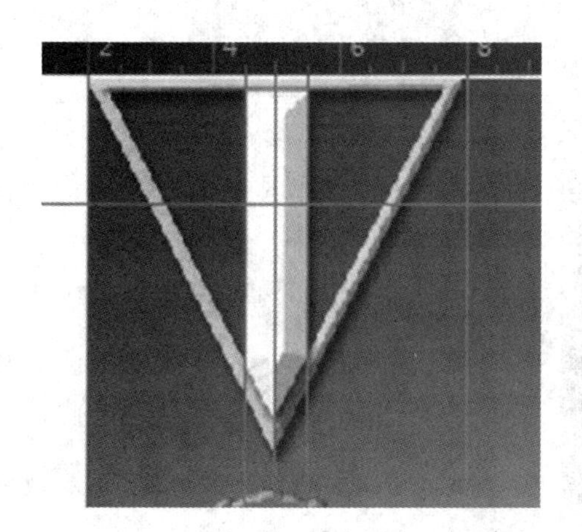

图 4–103　拉口效果

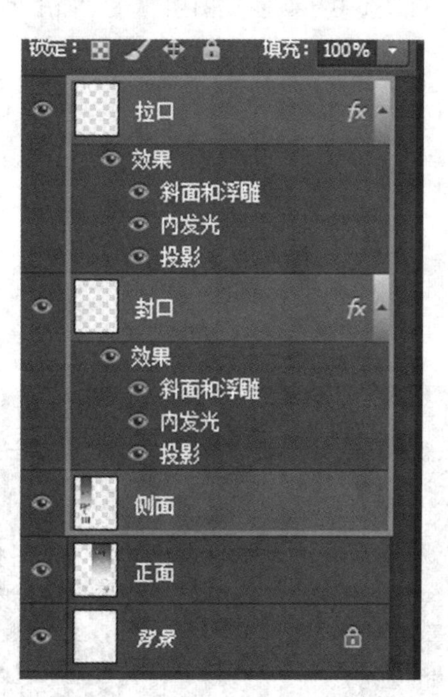

图 4–104　选中拼合的图层

30. 选中“背景”层，用“矩形选框”工具选择图像下半部分，按“Alt+Delete”键填充黑色，按“Ctrl+Shift+I”键反选为“渐变”工具，选择“径向渐变”类型填充上半部分。如图4–105、图 4–106。

图 4–105　下半部分填充效果

图 4–106　渐变参数设置

31. 按“Ctrl+H”键隐藏参考线，同时选中“侧面”“正面”两个图层，按“Ctrl+T ”键调整大小和位置。如图 4–107。

32. 选中“侧面”图层，按“Ctrl+T”键执行“透视”变形。如图 4–108。

图 4–107 调整图像大小

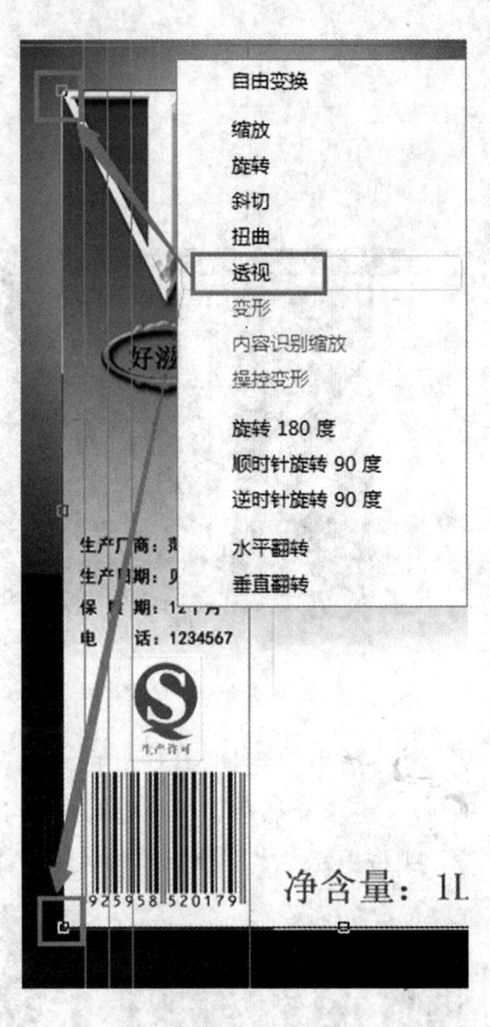

图 4–108 透视

33. “正面”图层效果同上步骤。

34. 透视后的效果图如图 4–109。

35. 选择工具箱的“移动”工具，按“Alt”键移动“侧面”图层，复制侧面。如图 4–110。

图 4-109　透视效果

图 4-110　复制侧面图层

36. 选择“编辑”菜单，点击“变换”命令里的“垂直翻转”，让“侧面拷贝”图层垂直翻转过来。如图 4-111。

图 4-111　图层垂直翻转效果

37. 按“Ctrl+T”键选择“透视”命令，把图片调整到合适为止。如图4-112、图4-113。

图4-112　透视

图4-113　调整后的效果

38. 用同样的方法制作“正面拷贝”图层。合并“正面拷贝”和“侧面拷贝”并改名为“倒影”。如图4-114。

图4-114　倒影

39. 在“倒影”图层上，用“椭圆选框”工具设置“羽化值”为“100 像素”，绘制椭圆选区，按“Delete”键删除选区的内容，多次创建选区，多次删除。如图 4-115、图 4-116。

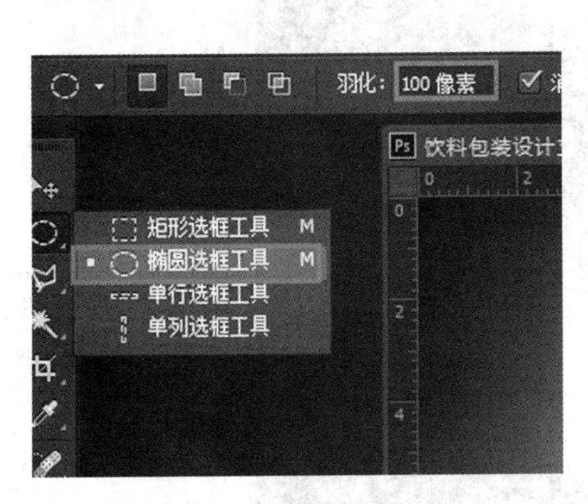

图 4-115 椭圆设置参数

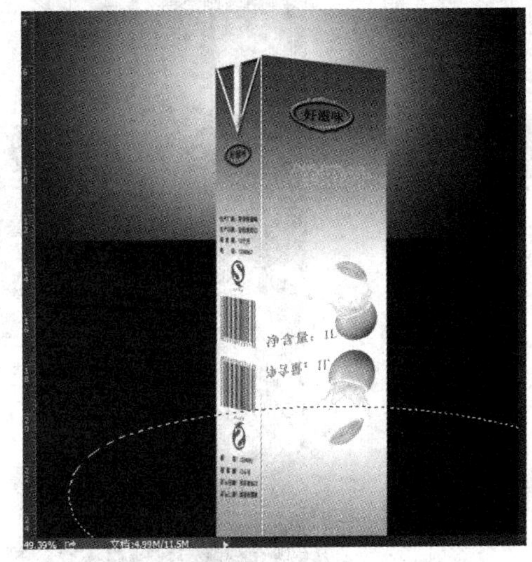

图 4-116 删除位置

40. 最终效果图如图 4-63（见 122 页）。

41. 在印刷该包装设计时，需转换成 CMYK 模式。新建图像文件的“颜色模式”选择“CMYK 颜色”模式。如果选择“RGB 颜色”模式，设计效果完成后，转换图像模式为“CMYK 颜色”模式。如图 4-117。

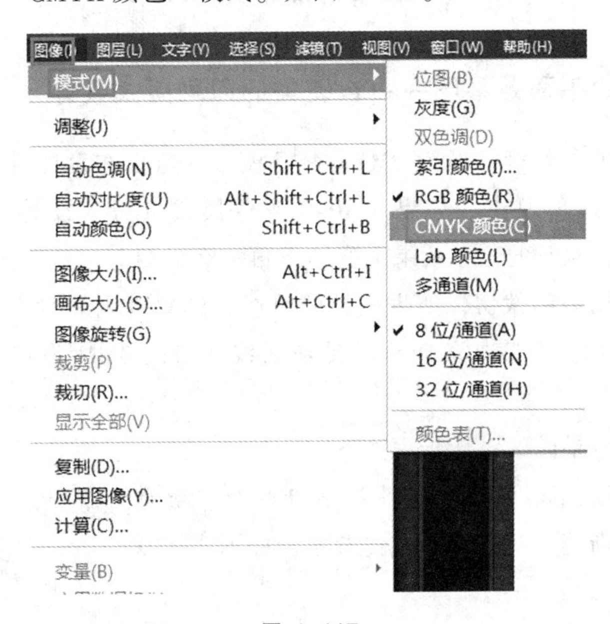

图 4-117

42. 转换成“CMYK 颜色”模式后，颜色会变的暗淡。如图 4-118。

图 4-118　转换CMYK 后的效果图

3.4　展开的平面效果图——包装盒的印刷版式设计

由于印刷为四色印刷，即为 CMYK 颜色模式，所以在设计时，务必把颜色模式设定成 CMYK 颜色模式。如果以 RGB 颜色模式进行了设计，则必须转换为 CMYK 颜色模式，此时的色彩效果会变的不再那么艳丽。

为了保证印刷后的裁切，如果设计的时候将图案刚刚好对齐裁切线，那么结果很可能是有漏白，在裁切的时候设计裁切线一般用 3MM 为宜，这就是所谓的出血量。

展开的平面效果图的设计步骤如下：

43. 启动 Photoshop 选择“文件”菜单点击“新建”命令，或者按“Ctrl+N”快捷键，打开“新建”对话框，设置参数。如图 4-119。

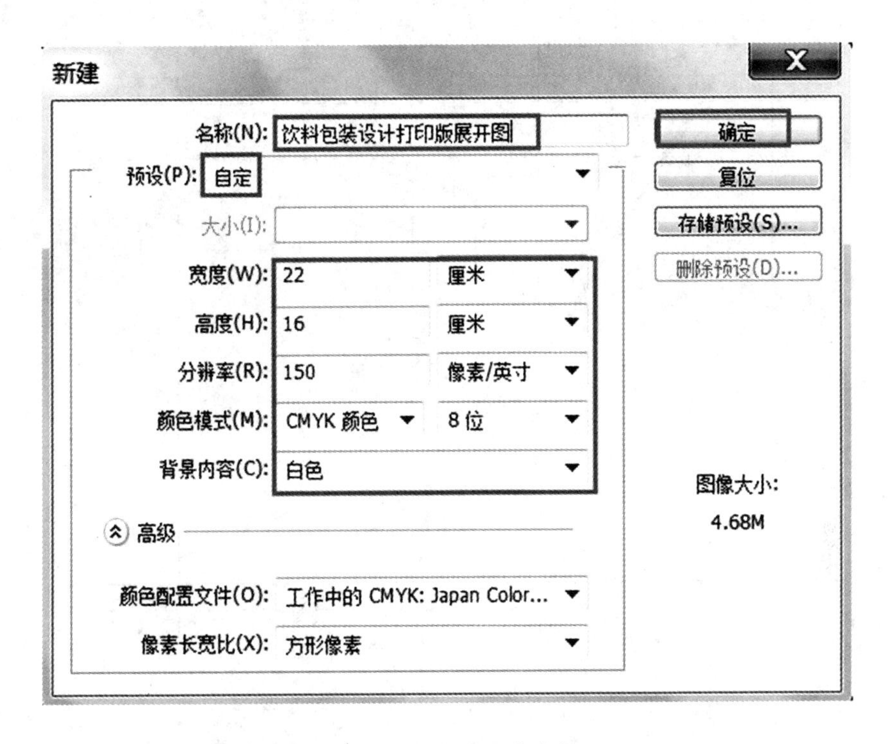

图 4-119 新建图像参数

44. 按“Ctrl+R”键打开标尺，为了精确定位需要建立垂直和水平方向的参考线。点击“视图”菜单执行“新建参考线”命令，给图像添加垂直和水平方向的参考线。垂直参考线的位置分别为“2、8.5、10.5、12、18.5”，单位为“厘米”；水平参考线的位置分别为“0.6、1.5、3、13、14.5、15.4、23”，单位为“厘米”。如图 4-120、图 4-121。

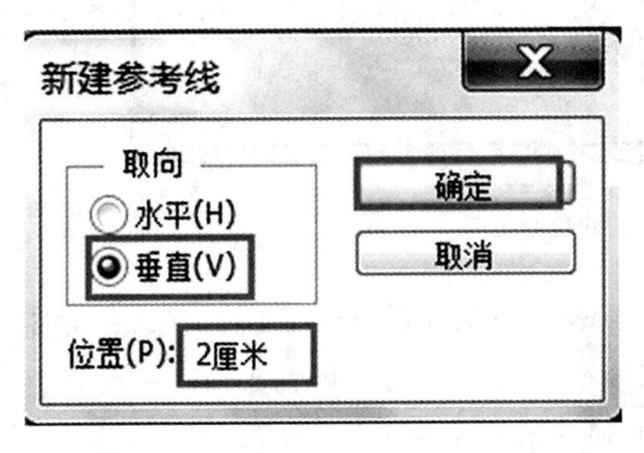

图 4-120 垂直参考线

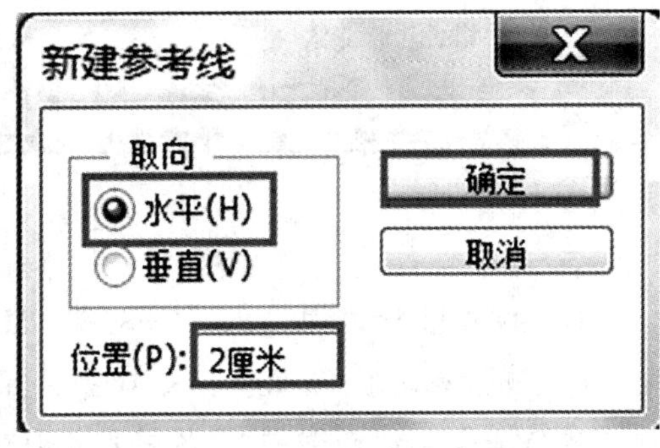

图 4-121 水平参考线

45. 建立好参考线的效果图像文件。如图 4-122。

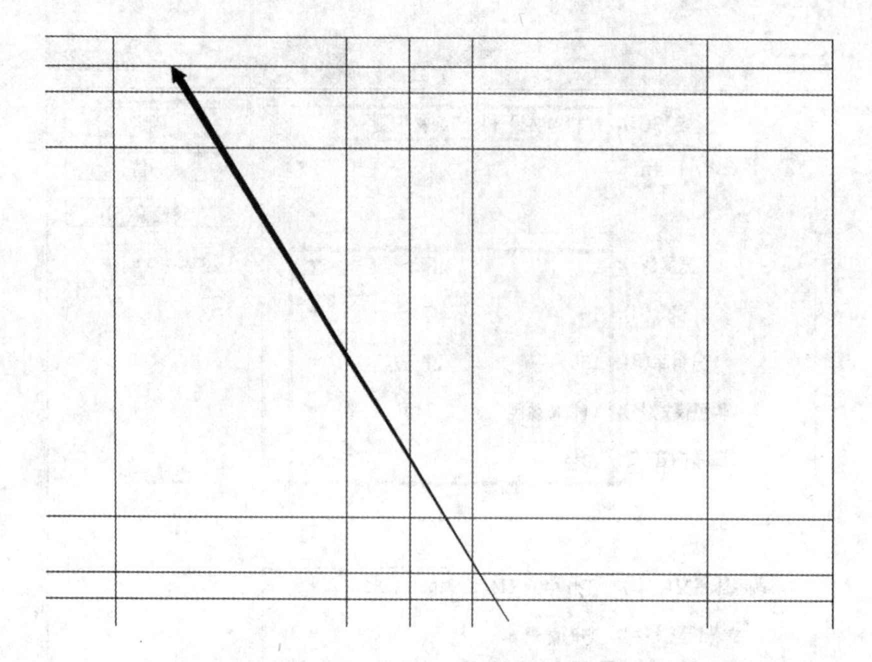

图 4-122 添加的参考线

46. 按“Shift+Ctrl+N”键新建一个图层并改名称为“绿白渐变景”。如图 4-123。

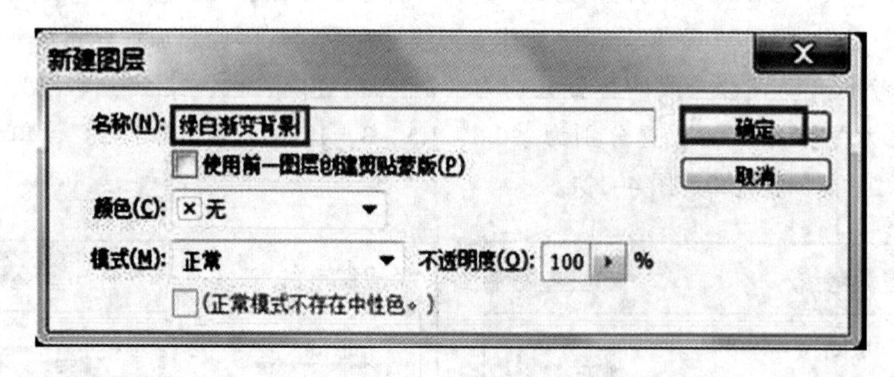

图 4-123 新建图层

47. 设置前景色为绿色（C=89%，M=50%，Y=100%，K=16%），背景色为白色（C=0%，M=0%，Y=0%，K=0%），用渐变工具，点击“可编辑渐变—前景色到背景色渐变—线性渐变”，拖动鼠标从上到下填充如图 4-124。

48. 包装盒展开面的图案设计见 3.1 和 3.2，本案例用文字标示正面、背面和侧面。如图 4-125。

图 4-124　渐变背景

图 4-125　加上文字效果

49. 用“多边形套索” 工具绘制侧面粘贴处选区。如图 4-126。

50. 用步骤 44 的新建图层并填充灰色（C=36%，M=33%，Y=29%，K=0%）。如图 4-127。

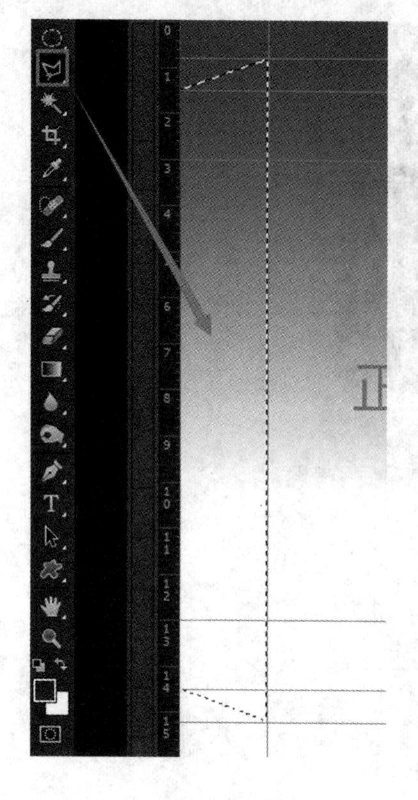

图 4-126

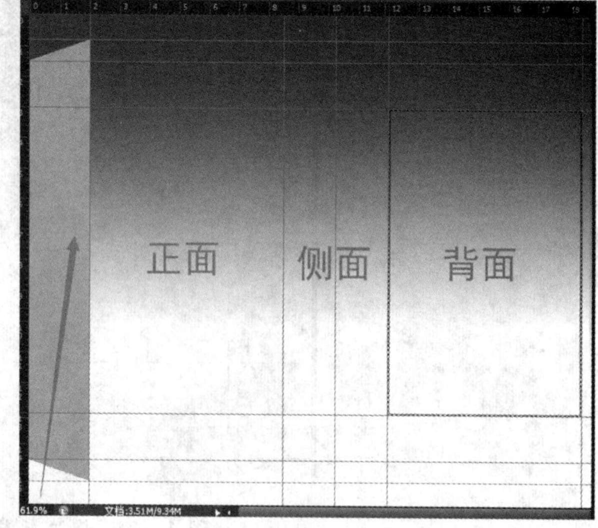

图 4-127 侧面粘贴处

51. 正面、背面 顶处的绘制方法同侧面粘贴处的绘制方法。如图 4-128。

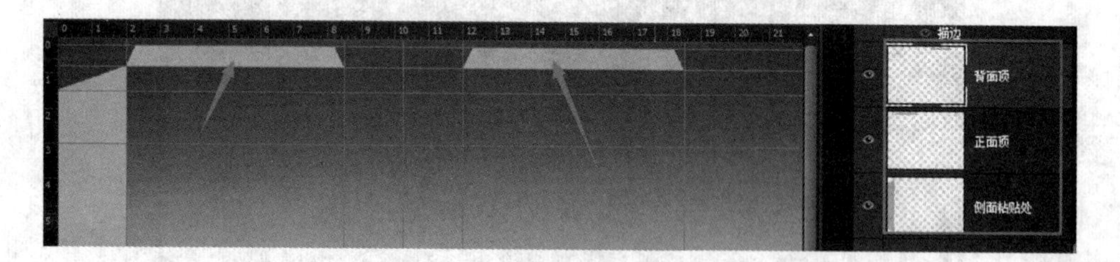

图 4-128 正面和背面顶处效果

52. 折线处的绘制用"矩形选框"工具绘制矩形选区，新建图层命名为"正面上"并填充白色（C=0%，M=0%，Y=0%，K=0%）。如图 4-129。

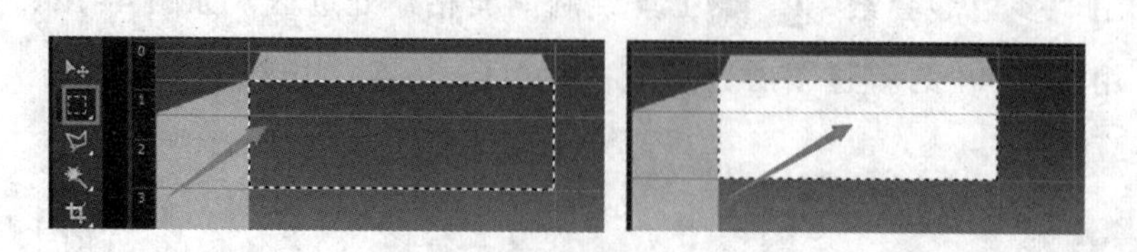

图 4-129

53. 给图层“正面上”添加“图层样式”面板“虚线笔画”“2 磅黑色，无填充”样式。如图 4–130。

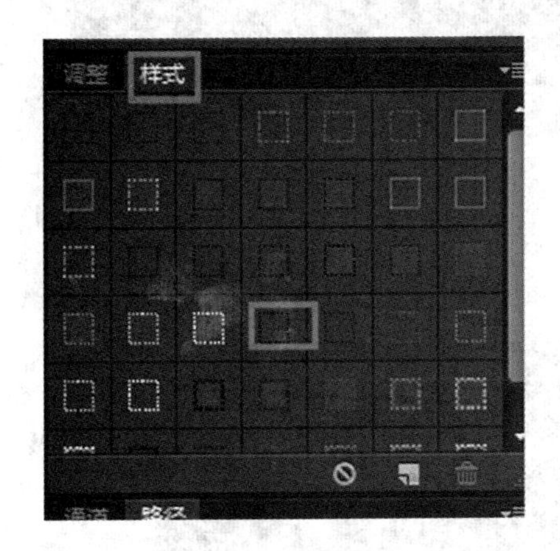

图 4–130

54. 其他矩形的折线处的制作方法同步骤 51、52 的制作方法。如图 4–131。

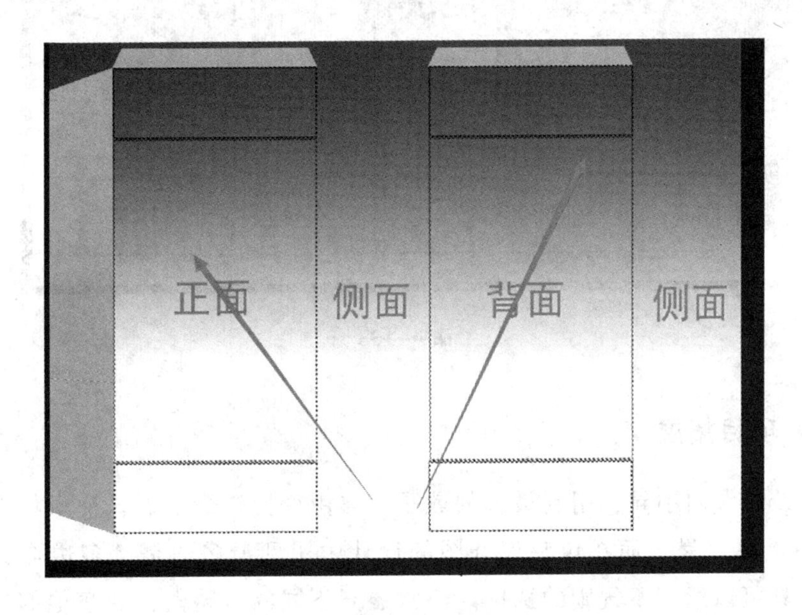

图 4–131

55. 侧面折线的制作方法，用“多边形套索”工具绘制三角形选区，新建图层，填充白色（C=0%，M=0%，Y=0%，K=0%），添加跟步骤 51 一样的样式，最后用“4 像素”的方头画笔调整好间距，绘制底边封装。如图 4–132。

图 4-132

56. 包装盒展开效果如图 4-133。

图 4-133

3.5 项目拓展

包装设计大同小异，用到最多的就是“自由变换”命令。该命令可以很好的做出各种透视效果。而在包装展开图的设计中用到最多的是“多边形套索”工具，该工具可以绘制不规则的选区。经常展开不同的包装盒，观察他们的平面展开图，对自己的创作会有很大的帮助。

项目名称： 礼品包装盒印刷版展开图

项目要求：

1. 根据上面的案例来制作礼品包装盒印刷版展开图。
2. 效果如图4-134。

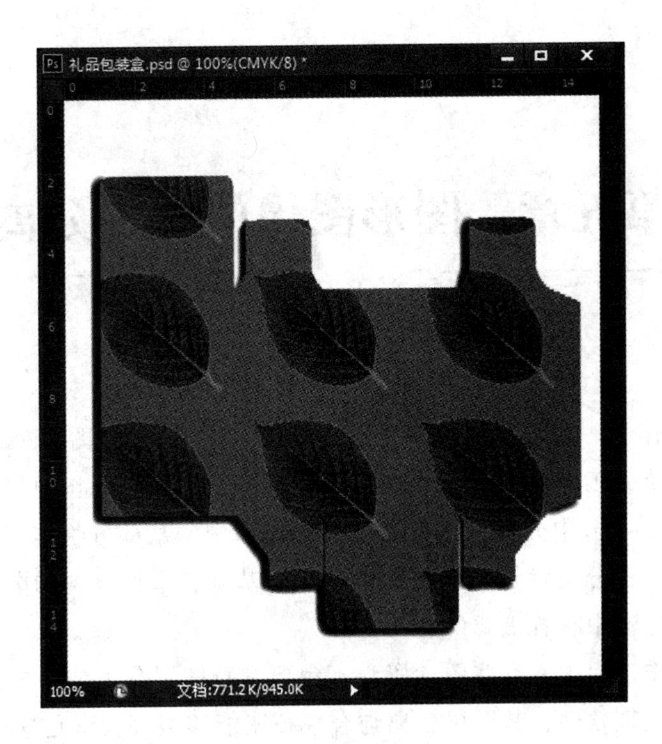

图 4-134　效果参考图

操作步骤提示：新建文件（要适合包装的尺寸），添加垂直和水平参考线来精确定位包装盒各部分的位置，用“多边形套索”工具绘制需要的形状，添加“图层样式”为“投影”，增强效果显示。

项目名称：化妆品包装盒

项目要求：

1. 根据所掌握的功能命令，自行设计一幅“化妆品包装盒”的效果图。设计的主题为“我的青春看的到”。可设计红色主题的背景。

2. 用在网上收集的素材来设计自己喜欢的“化妆品包装盒”。

第五章　图形图像的图层分离

Photoshop 作为一款专业的图像处理软件，具有强大的图像处理功能。在动漫、广告、建筑、工业设计等领域都有广泛应用，尤其在创作中能进行必要的移植和嫁接。Photoshop 中分离背景技术就是将图像中的某部分物体（目标）和背景分离开来。无疑，分离背景技术是图像编辑的基础，掌握好图像分离背景的方法和技巧在图像编辑中有着重要的意义。

在动画制作过程中，有些图片资料不免要进行图层分离或合成。Photoshop 作为专业的图像处理软件，其图层分离与合成技术能够很好的满足这一需要。

第一节　图层的分离

图层是影视及动画制作的重要原理，图层的设置是影视及动画制作的重要规律之一，也是在整个影视及动画创作过程中关键的一部分。在图像处理过程中，需要对一个图层上的对象进行改变和编辑而不影响其他图层对象，这就需要将原来合并的图层分开，防止他们之间相互干扰，这就是图层分离。

图层是具有部分图像信息的平面。使用图层可以在不影响整个平面图像中大部分元素的情况下，处理其中一个元素。可以把图层想像成是一张一张叠起来的透明胶片，每张透明胶片上都有不同的画面，改变图层的顺序和属性就可以改变图像的最后效果。通过对图层的操作和使用它的特殊功能，就可以创建很多复杂的图像效果。

平时在使用 Photoshop 来制作图层分离时，怎样才能把当前图形图像的混合图层分离出来新建一个图层呢？下面以足球运动员与绿茵草地分离为例进行实训。

1.1　球员与足球运动的图层分离

项目名称：球员与足球运动的图层分离

项目目的：

1. 提高使用图像图层分离功能制作影视动画片的兴趣。

2. 加深对 Photoshop 操作中单个动画元素的掌握。

3. 通过全方位的训练，对图形图像的图层分离有一个充分的理解和掌握。

项目要求：

1. 对图像图层分离的各项功能能够灵活的运用。

2. 通过本项目的训练，能迅速提高发现问题、分析问题和解决问题的综合能力。

3. 注意图形图像存储格式、分辨率、画面尺寸等。

操作步骤：

1. 打开 Photoshop ，进入操作界面后执行“文件-打开”命令，打开所要处理的图形图像文件。如图 5-1。

图 5-1

2. 此时打开的图形图像在操作界面右边的“图层”控制面板上是“背景层”，它是被锁定的，不能直接进行操作。所以，要双击该锁，解锁后进行编辑，或按“Ctrl+J”键复制“背景层”，出现“图层一”。如图 5-2。接下来的操作都要在“图层一”上进行。

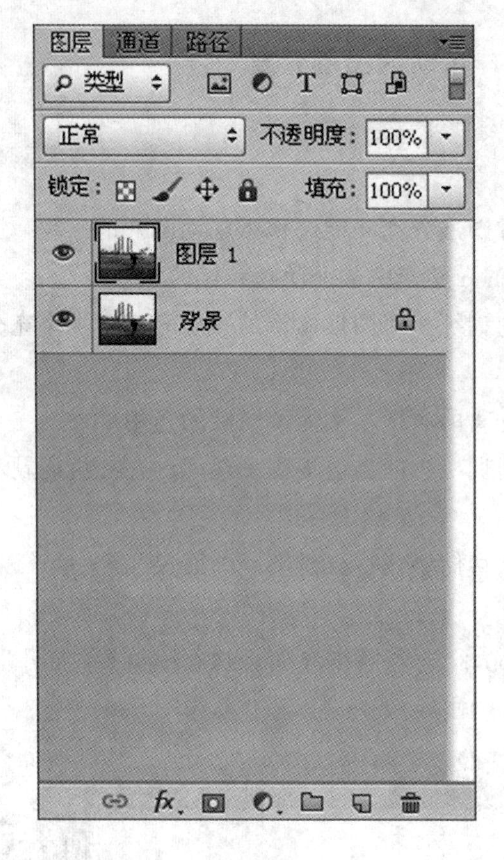

图 5-2

3. 选择“图层一”，点击工具栏，选择“套索工具”中的“磁性套索”，对正在抢球的两个男青年进行操作。如图 5-3。

图 5-3

4. 接下来，沿着正在踢足球的两个运动员的轮廓，用“磁性套索”工具框选出他们来，然后按“Ctrl+J”键复制“图层二”。如图 5-4。

图 5-4

5. 用以上相同的方法继续对剩余的元素进行操作分离，直到三个元素各自处于单独的图层上，这时需要双击图层修改图层属性。如图 5-5。

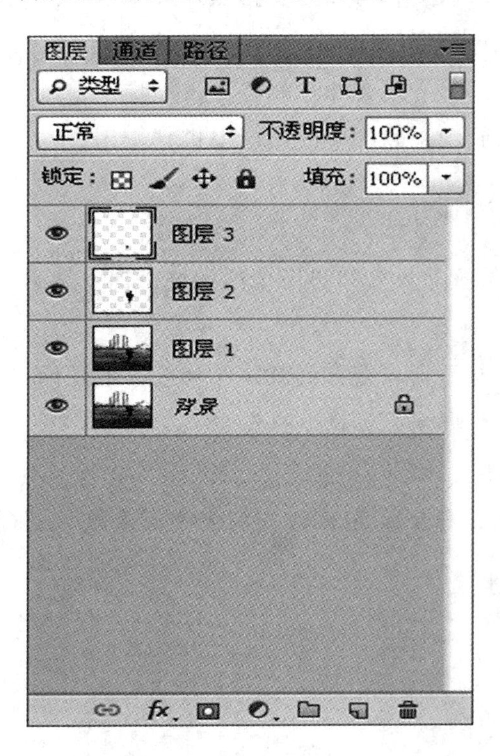

图 5-5

6. 如果需要把分离的图层应用到其他场景中去，则剪切（复制）、粘贴即可。如果需要导入到动画软件中的场景中，则需要保存成.png格式文件。

图层和图层分离是Photoshop中必不可少的功能。可以说只要Photoshop存在，图层就存在。无论是动漫设计、平面设计还是他艺术设计，只要用到图层和图层分离，建立图层是必不可缺少的一步。

图像图层分离的方法较多，Photoshop图层分离的用法因人而异，达到目标效果的途径绝不唯一，还有更多的实用方法来完成图像的图层分离。

1.2 图层分离在影视及动画制作中的应用

在影视及动画制作过程中，图层的应用特别是动画制作的必需工作，也是在整个动画制作过程中关键的一部分。

制作动画时的图层处理，需要从资料中选择一个图形，通过Photoshop图层分离后，把需要的部分导入到动画软件中，从而达到动画应用的目的。这时，需要把该文件保存成.png格式文件，才能保证背景层是透明的。否则，其他格式的文件会有一个白色的背景，从而影响了该图形的图层分离的意义。

方法：

1. 选择资料图片，该资料可以为实拍照片或手绘画面。
2. 在Photoshop中分离资料图片中的形象，把该形象背景设置为透明。
3. 保存该文件为.png格式文件并命名。
4. 把该文件导入到动画软件中的图层中进行应用。

1.3 项目拓展

项目名称：运动员投球入篮姿势图像的图层分离

项目要求：

1. 选材新颖、素材清晰、富有创意的照片或其他画面。
2. 项目主题突出，要求原创性，具有形式美感。
3. 分辨率为300dpi，储存为.jig或.tif格式文件，尺寸为29.7cm×21cm。
4. 利用本节讲述的Photoshop图像图层分离的方法，进行实例操作。

第二节　图层的合并

在图形图像的图层编辑过程中，根据设计需要，可以将图层合并。这样有助于管理图像内容以及缩小文件占用磁盘的空间。在合并后的图层中，所有透明区域的重叠部分仍会保持透明。

经常看到各种各样的 PS 合成照片，比如想要与某著名影星合影，但又很难实现，这时 Photoshop 图层合成功能就能帮实现愿望。

2.1　趣味性足球运动图像图层合并

项目名称：趣味性足球运动图像图层合并

项目目的：

能选择素材或根据拍摄的照片，进行处理后合成一张新的图片。

项目要求：

1. 熟练掌握 Photoshop 各项基本功能，明确图像的图层合并的具体操作方法和步骤，学会制作图层合并的图形图像。

2. 通过图层合并的制作原理，能够灵活运图层合并功能。

3. 选材新颖、素材清晰、富有创意。

4. 项目主题突出，要求原创性，具有形式美感。

图层合并就是根据制作主题需要，先拍摄几张优质照片，然后再将它们合成在一起。目的效果图如图 5-6。

图 5-6

本例共拍摄三张照片，将这三张照片合并到一个图层上。

1. 打开 Photoshop，进入操作界面后，执行“文件-打开”命令。在文件夹中，选择三张需要的照片，然后全部打开。如图 5-7。

图 5-7

2. 选择“素材 2”，复制背景层为“图层 1”，接下来所有的操作将在“图层 1”中进行。用“磁性套索”工具选择正在屈膝抢球的男青年，然后按“Ctrl+J”键复制框选出的男青年为“图层2”。如图 5-8。

图 5-8

3. 选择“图层 1”，在工具栏中点击“快速蒙版”工具按钮。选择画笔工具对正在屈膝抢球的男青年投影进行涂抹。然后点击“快速蒙版”工具，执行“选择—反向”命令，在图层面板中，点击“添加蒙版”按钮。如图 5-9。最后合并“图层 1”和“图层 2”，将合并的图层拖拽到“素材 1”。

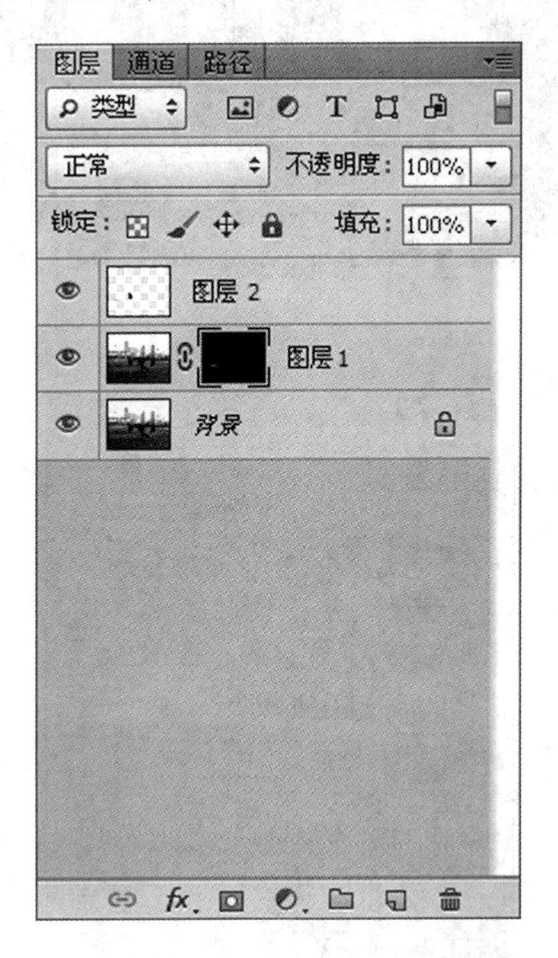

图 5-9

注意：选择画笔工具时，在左上方弹出的各种笔刷中设定“画笔”大小，视图像的尺寸来选择适合的粗细。此外，将“不透明”的数值设为“50%”，可减轻笔刷的力道与范围，影响的程度也较小，就算不小心涂抹到重要的范围，影响的范围也不会太大。

4. 用以上相同的方法继续对“素材 3”进行操作，直到三个元素分别拖拽到“素材 1”的图层上，这时双击图层可以修改图层属性。如图 5-10、图 5-11。

图 5–10

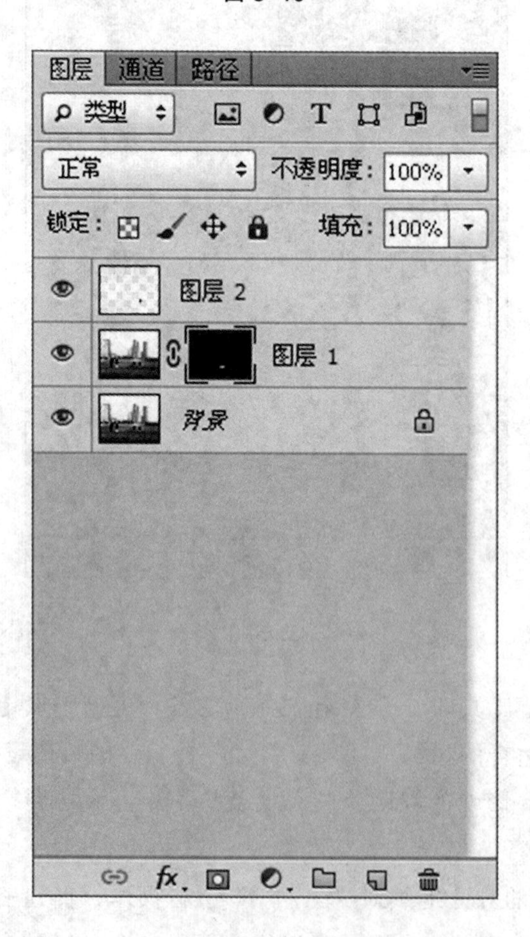

图 5–11

5. 此时，“素材 1”如图 5-12 。为了主题需要，执行“调整—亮度/对比度”命令，设置“图层 1”和“图层 2”的亮度对比，按“Shif”键选中三个图层，同时按下“Ctrl+Shift+E”键将图层合并。合成照片完成之后，另存为新文档。

图形合并与图层合并不是一个概念，在一个画面中图形图像在视觉中是合并了，但在图层中不一定是合并的。同一层中的图形图像自然合并在一起，在不同图层中的图形图像要根据具体情况确定是否合并在一起。注意：需要把多个图层合并为一个图层时，如果只选择一个图层，只向下合并；如果同时选中多个图层，则合并所有选中的图层。

2.2　项目拓展

项目名称：《家庭照趣味性 ps 组合》或《我与名人有个约会》

项目要求：

1. 选材新颖、素材清晰，构图富有创意，项目主题突出，要求原创性，具有形式美感。

2. 分辨率为 300dpi，存储格式为.jig 或.tif，尺寸为 29.7cm×21cm。

第六章　GIF 动画制作功能

所有使用智能手机的人都会有微信，每天大家都会收到几个表情动画或搞笑视频，这些视频是怎么做的呢？

Photoshop 的主要功能虽然是图形图像的平面处理功能，但它也具有动画制作功能。很多网络视频动画就是 Photoshop 的 GIF 动画制作的。

第一节　Photoshop 的动画功能

在网络视频或动画设计中，经常碰到制作 GIF 动画的需求。动画最麻烦的就是逐帧制作，修改起来很麻烦。随着 Photoshop 版本的不断升级，GIF 动画功能不断的优化和增加， Photoshop 的时间轴已经可以对视频进行简易剪辑，所以制作 GIF 动画用 Photoshop 已经足够。

1.1　Photoshop 视频时间轴面板的调出

1. 打开 Photoshop，进入操作界面后执行“窗口–时间轴”命令，调出时间轴面板后，选择创建视频时间轴。如图 6–1、图 6–2。

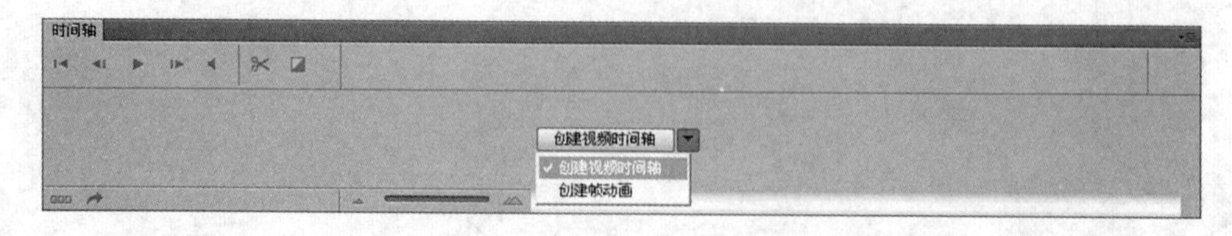

图 6–1

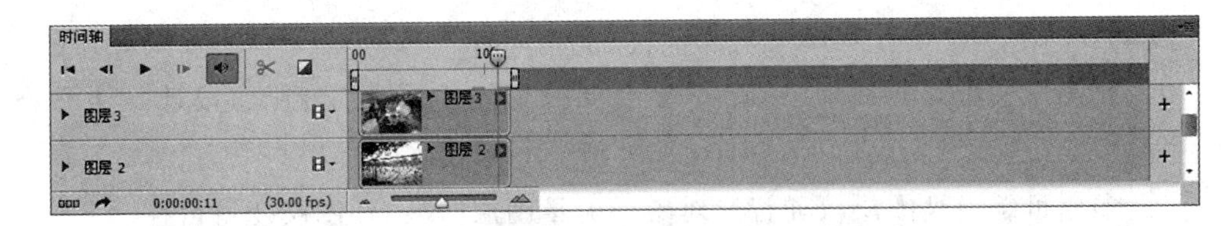

图 6-2

2. 选择视频时间轴面板后，切换到帧动画面板，可以点击 两个图标进行切换。如图 6-3。

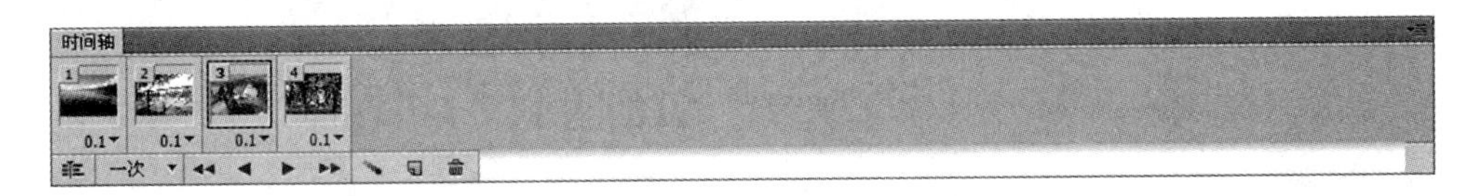

图 6-3

1.2　设置视频时间轴

1. 视频时间图层的基本面板参数

在视频时间轴面板，点击 两个图标进行切换。如图 6-4。

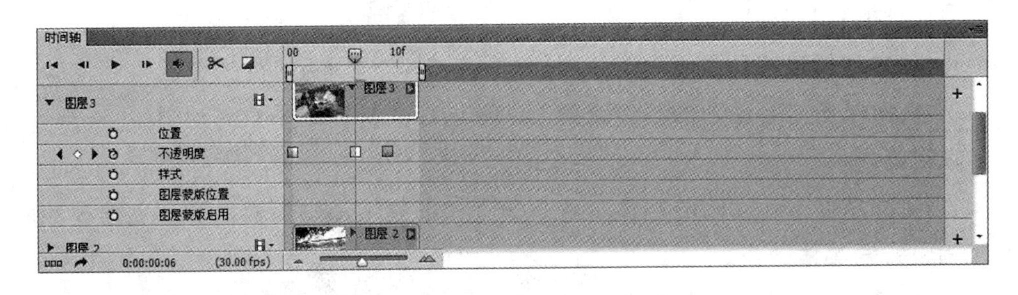

图 6-4

位置：单纯控制图层对象在画布的移动。

该参数动画对位图图层有效，矢量图层则需要启动矢量蒙版位置才会产生移动动画效果。

2. 视频时间轴的使用

根据要使用的参数，点击 启用关键帧动画，然后移动浮标到关键帧上，再根据对应的参数调整图层，时间轴就会自动创建关键帧。

功能小结：

1. 在制作一个 GIF 动画之前，一定要明确主体，思路要清晰，设计好动画效果再制作。

2. 多用可编辑性图层（如智能对象、矢量图层等），让图层变得可控。

3. 保持图层顺序逻辑清晰明了，给图层加以颜色区分及命好名称，以方便在时间轴上观看。

4. 运用快速蒙版工具，选择需要的元素，添加图层蒙版。

第二节　照片 GIF 动画的设计制作

动画就是用多幅静止画面连续播放，利用视觉暂留现象形成连续影像的过程。 GIF 文件的动画原理是：在特定的时间内显示特定画面内容，不同画面连续交替显示，产生了动态画面效果。所以在 Photoshop 中，主要使用“动画”面板来设置制作 GIF 动画。

项目名称：旅游的记忆

项目目的：

1. 掌握“创建帧动画面板”和“创建视频时间轴面板”的操作。

2. 全面了解 GIF 动画的制作流程，掌握选择素材和制作 GIF 动画。

项目要求：

1. 熟练掌握 GIF 动画的制作步骤，学会“创建帧动画面板”和“创建视频时间轴面板”的具体操作。

2. 项目主题突出，选材新颖、素材清晰、富有创意，要求原创性，画面具有形式美感。

3. 分辨率≧300dpi，图片为.jig 或.tif 格式，图片尺寸≧29.7cm×21cm。

2.1　选择素材

精选四张图片用以制作简易的动画。如图 6-5、图 6-6、图 6-7、图6-8。

图 6–5

图 6–6

图 6–7

图 6–8

2.2　制作GIF动画

1. 打开 Photoshop，在操作面板中，执行“文件—新建”命令，新建一个空白图片，设置文档大小为宽度 21.9cm、高度 21cm、分辨率为 300dpi。如图 6–9。

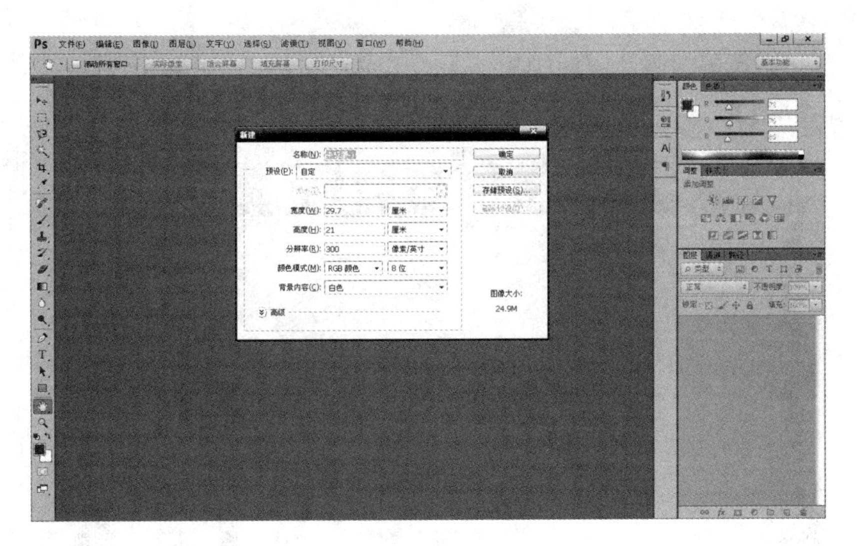

图 6-9

2. 在操作面板，执行“窗口—时间轴”命令，然后打开动画制作面板。如图 6-10。

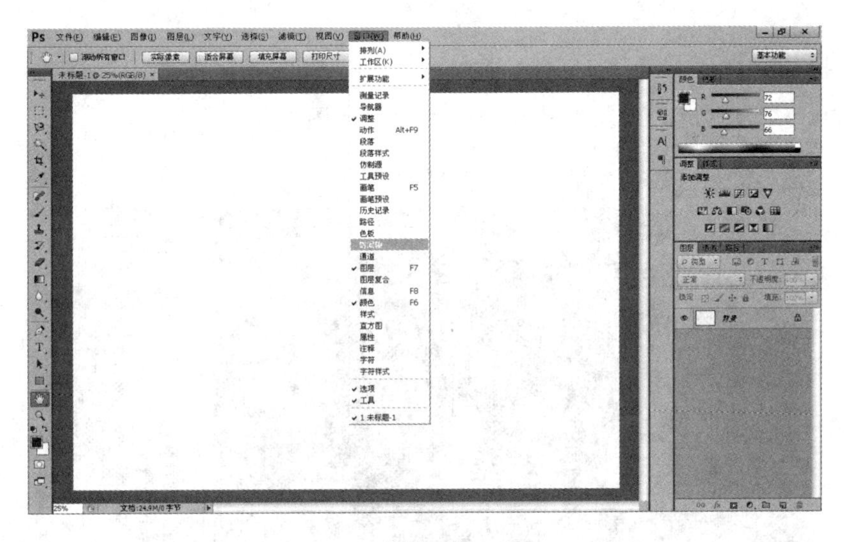

图 6-10

3. 在时间轴面板中，点击“创建帧动画” 按钮。如图 6-11。

图 6-11

4. 在“创建帧动画”时间轴中，单击“复制所选帧”按钮，复制四个空白帧。如图6-12。

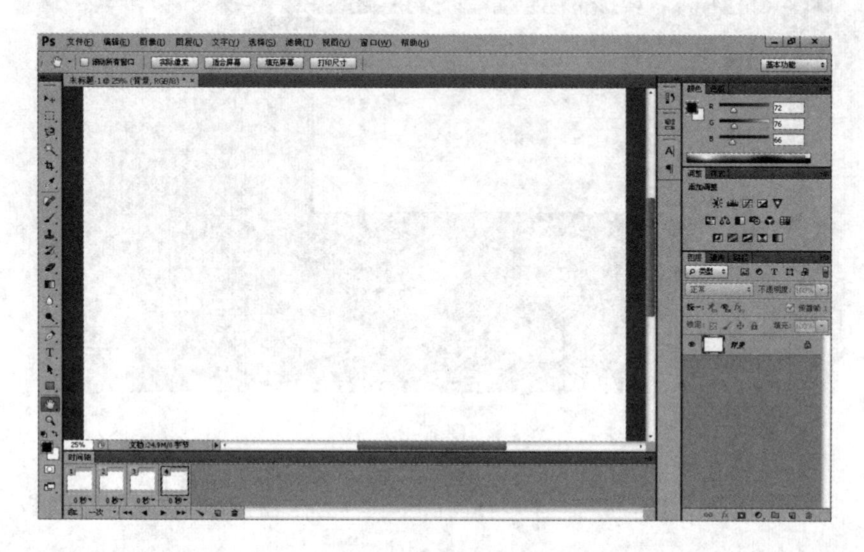

图 6-12

5. 执行“文件-打开”命令，在文件夹中，选择四张需要的素材照片，然后全部打开，并分别拖动到新建的空白图片上。如图 6-13。

图 6-13

6. 在“创建帧动画”时间轴中，将四个素材图层分别设置到四个空白帧中。首先，选择“创建帧动画”时间轴面板中的“第 1 帧”，如图 6-14，点击图层面板中“图层 1”，此时，需要注意关闭其他三个图层的“眼睛”，如图 6-15。然后，选择时间轴面板中“第 2 帧”“创建帧动画”，如图 6–16，点击图层面板中“图层 2”，关闭其他两个图层的“眼睛”，如图 6–17。依次类推，完成 3、4 帧的设置，如图 6–18。

图 6–14

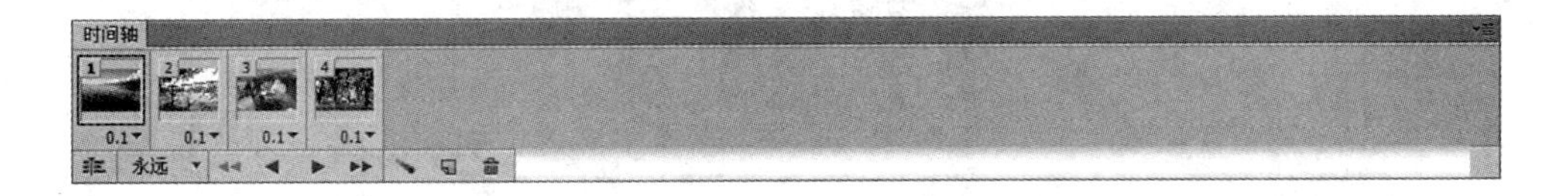

图 6–16

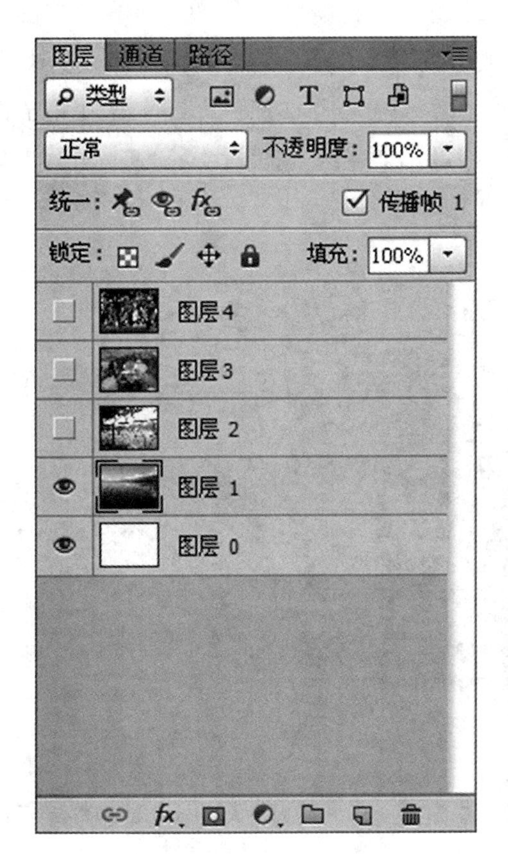

图 6–15

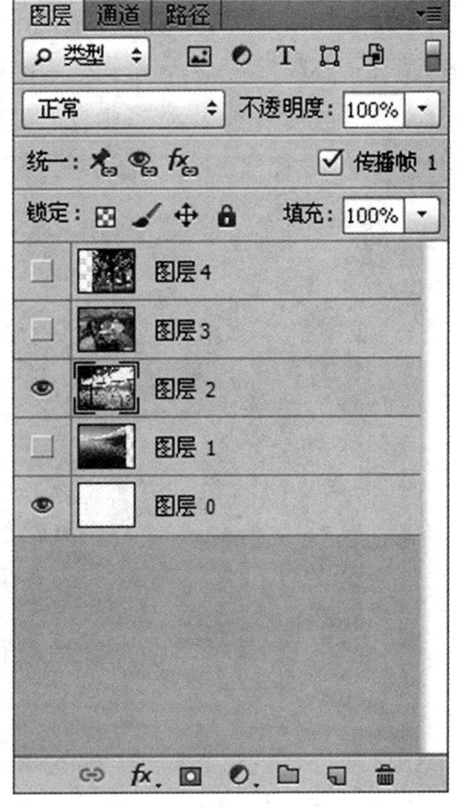

图 6–17

注意：多图层动画可以通过关闭图层的眼睛来显示不同图片；单图层动画可

以通过移动图层来显示不同图片。

图 6-18

7. 设置图片播放延迟时间及循环次数。按“shift”键，选中所有帧，更改帧与帧之间的播放时间，然后设置延迟时间。设定帧延迟的方法就是点击帧下方的时间处，在弹出的列表中选择相应的时间即可。如果没有想要设定的时间，可以选择“其他”后自行输入数值（单位为秒）。如图 6-19。

图 6-19

8. 执行“文件—存储为 Web 和设备所用格式”命令，打开并设置“存储为 Web 和设备所用格式”对话框，即可完成 GIF 格式动画制作。如图 6-20。

9. 单击“存储”按钮，打开“将优化结果存储为”对话框，设置存储路径并单击“保存”按钮，将文档存储为 GIF 格式的动画文件。如图 6-21。

图 6-20

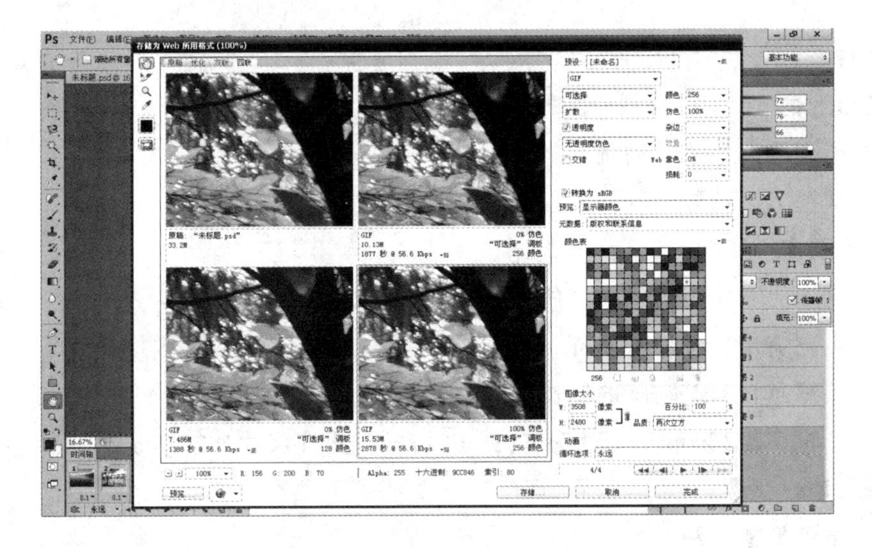

图 6-21

技术回顾：

1. 图层动画关闭图层“眼睛”的设置；

2. 帧延迟时间和循环次数；

3. “复制帧、移动图层”。

归根结底，GIF 动画的制作，软件只是工具，真正重要的是创意。只有发挥自己的想象力和创造力，才能做出精彩的动画视频来。

2.3 项目拓展

项目名称：旅游风光 GIF 动画。

项目要求：

1. 选材新颖，素材清晰，构图富有创意，项目主题突出。
2. 设置分辨率≧300dpi，图片为.jig 或.tif 格式， 图片尺寸≧29.7cm×21cm。
3. 能够自动播放。

第三节 剪纸风格GIF动画

3.1 剪纸风格GIF动画的设计制作

项目名称：散财童子拜年

项目目的：

1. 能理清角色逐帧动画的逻辑思路。
2. 掌握 GIF 动画的制作流程和方法。

项目要求：

1. 制作男女童子拱手作揖的拜年动画。
2. 主题突出、动作可循环。
3. 熟练掌握 GIF 动画的制作步骤与思路。
4. 分辨率≧300dpi，图片为.jig 或.tif 格式，图片尺寸≧29.7cm×21cm。

项目制作步骤：

1. 角色形象绘制

新建文件后，导入素材“童子”剪纸，分离形象与手臂图层如图 6-22。

2. 绘制角色动作的结束帧

完成手臂为开始帧，接下来来制作结束帧，就是手臂抬到最高处时的样子。手臂和身体是分开的图层，所以只需复制、粘贴并调整抬高的手臂位置，为了方便操作，图层的命名要规范和直观。如图 6-23。

图 6-22

图 6-23

3. 绘制角色动作的中间帧

开始帧和结束帧都绘制完成后，开始绘制中间帧，就是开始帧和结束帧中间的动作，根据情况不同，中间帧的绘制数量也会不同。此项目中，绘制两张中间帧即可，这两帧画面均可复制、粘贴并调整该手臂位置为中间帧。中间帧太少的话会直接影响动作的流畅度。如图 6-24、图 6-25。

图 6-24

图 6-25

4. 依照上述方法，将另一名角色制作完成。如图 6-26、图 6-27。

图 6-26

图 6–27

5. 调整画面布局

角色制作完成后，加入文字，然后来调整一下整体画面的布局。如图 6–28。

图 6–28

6. 保存工程

以上工作完成之后，将此工程保存为PSD 格式。如图 6–29。

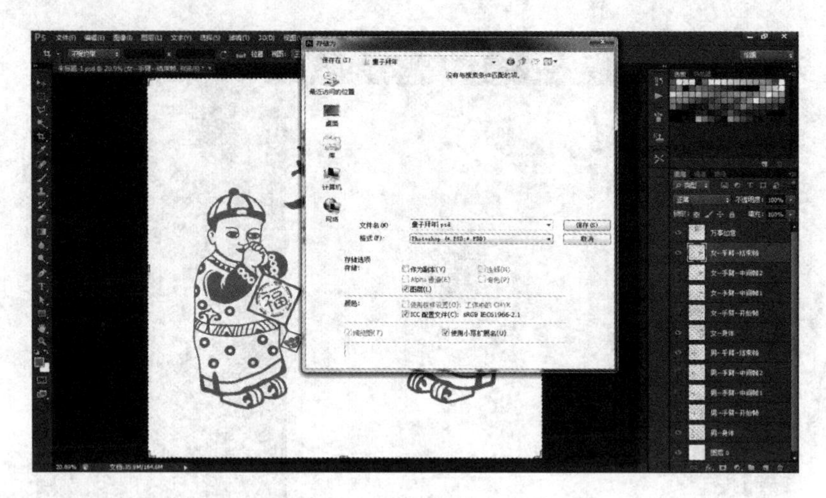

图 6-29

7. 制作 GIF 动态图片

点击“窗口”，选择“时间轴”。如图 6-30。

8. 通常情况默认的选择是“创建视频时间轴”，根据需要将其改为“创建帧动画”。如图 6-31。

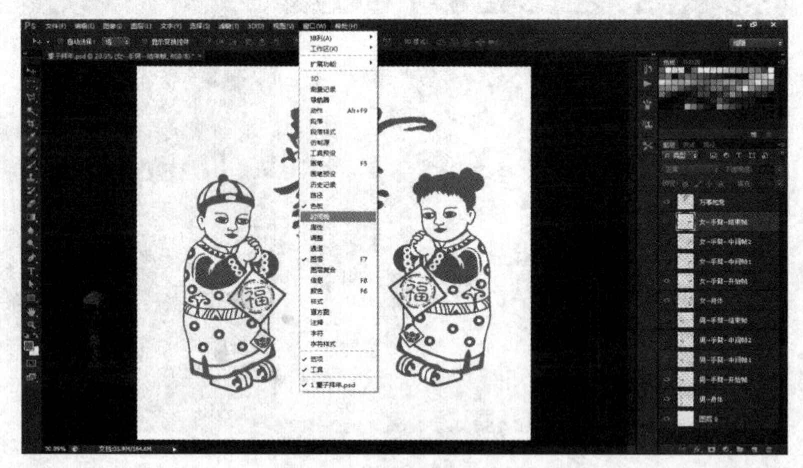

图 6-30

图 6-31

9. 创建帧

制作一个可循环的拜年 GIF 动画，已经制作好了 4 张图片，分别是“开始帧”“中间帧 1”“中间帧 2”“结束帧”，为了达到可循环的目的，在结束帧之后需将图片以“中间帧 2——中间帧 1——开始帧”的顺序，再创建 3 个帧。

此时，开始创建帧。每一帧代表一个画面，总共需要创建 7 个帧，分别是“开始帧”“中间帧 1”“中间帧 2”“结束帧”“中间帧 2”“中间帧 1”“开始帧”。如图 6–32、图 6–33。

图6–32

图 6–33

10. 根据动检效果，调整帧时间

每个帧的下面都标有 0 秒，这个代表的是两帧之间的跳转时间，根据项目需求，设置不同的数值。此项目中设置的数值为 0.05 秒。循环选项默认是“一次”，可更换为“永远”，以方便观察。如图 6–34。

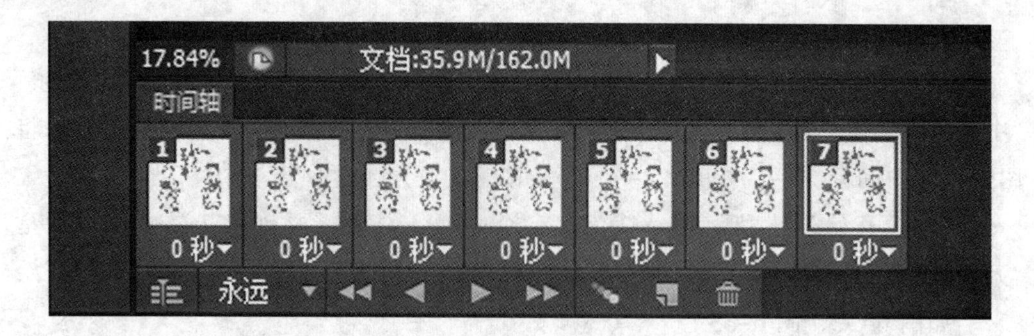

图 6-34

11. 存储

将制作完成的动画存储为 GIF 格式文件，“文件——存储为 WEB 所用格式——存储”。存储为 WEB 所用格式界面中，百分比的数值设置会影响存储出的 GIF 图尺寸（QQ 上动态图的大小不能超过 5M）。如图 6-35、图 6-36。

图 6-35

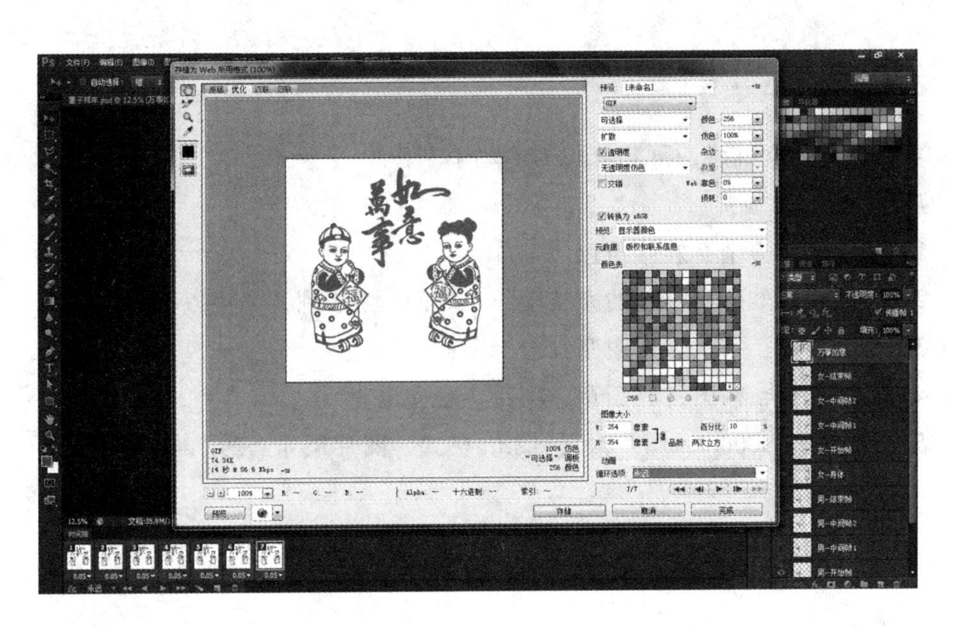

图 6-36

12. 发布

存储为 WEB 所用格式界面中的左下角预览选项，点击之后可以用 IE 浏览器预览做好的 GIF 动态图，可以直接在 IE 里复制动态图然后粘贴到 QQ 对话框里发送给好友或 QQ 群。如图 6-37。

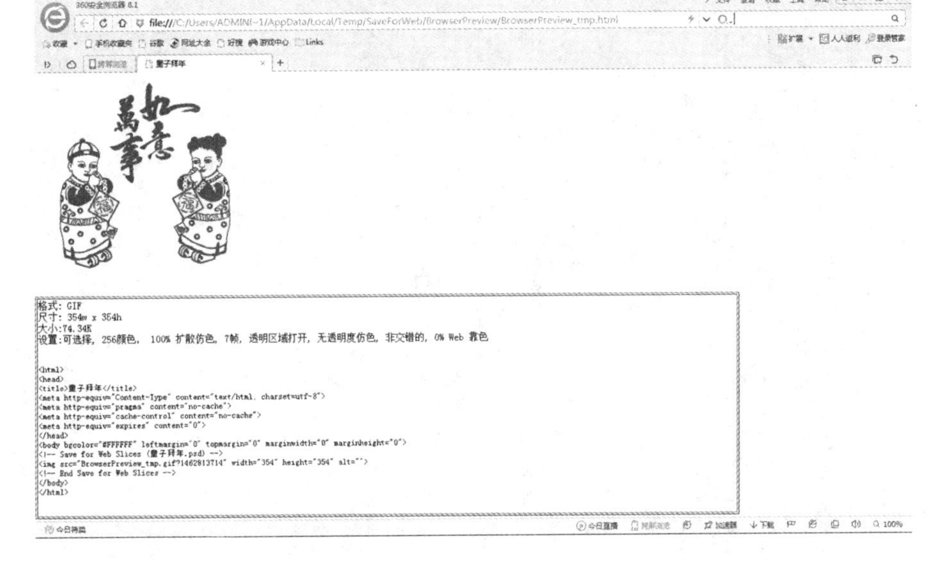

图 6-37

3.2 项目拓展

项目名称：女娃感谢拜年红包 GIF 动画制作

项目要求：

1. 手绘设计一个女娃娃角色。
2. 设计女娃娃感谢红包的完整动作，时间：3-5 帧，要可以循环往复。
3. 要有字幕，字幕为“谢谢红包”字样。
4. 素材清晰，构图富有创意，项目主题突出。
5. 分辨率≧300dpi，图片为.jig 或.tif 格式，图片尺寸≧29.7cm×21cm。

后　记

沁透着青岛市动漫创意产业协会心血的数字媒体职业教育系列教材，经过艰辛的编撰工作后，终于要付梓出版了，不论对一个行业协会，还是职业院校培养人才来说，应该都是一件很大的喜事！好事！因为这套图书，不仅影响着职业院校学生的技术学成，而且也可以促进一个行业产业的健康发展。

在数字媒体人才，特别是影视及动漫人才极度缺乏的背景下，企业求贤若渴的眼神，职业院校发自肺腑的培养适合企业使用的应用型人才的精神，无不激励着众多专家去探求数字媒体应用型人才的培养方案。

这套图书成功出版，凝聚着文化企业和职业院校共同的心血，也凝聚着每一位编者的心血。两年多来几易其稿，大家为了图书的结构、编写的案例会争得面红耳赤，但最终保质保量地完成了案例式应用型教材的编写。

在即将付梓之际，有太多要感谢的人，首先离不开协会历届领导的支持，各参编院校领导的支持，各文化、传媒企业领导的支持，他们无私提供了商业案例，在此一并报以最诚挚的感谢！

感谢各位参编老师及其家人的大力支持与无私的奉献！

最后感谢为这套系列丛书付出劳动的所有人员，有了大家共同的努力，成就了数字媒体职业技能型人才的社会需求。

编　者

2017 年 5 月

图书在版编目（CIP）数据

Photoshop 项目制作数字媒体技术基础 / 庞玉生，张弘，迟晓君主编. -- 北京：中国书籍出版社，2017.5

ISBN 978-7-5068-6191-5

Ⅰ. ①P… Ⅱ. ①庞… ②张… ③迟… Ⅲ. ①图象处理软件－中等专业学校－教材②数字技术－多媒体技术－中等专业学校－教材 Ⅳ. ①TP391.413②TP37

中国版本图书馆 CIP 数据核字(2017)第 122454 号

Photoshop 项目制作数字媒体技术基础

庞玉生　张弘　迟晓君　主编

责任编辑　禚　悦
责任印制　孙马飞　马　芝
封面设计　陈子妹　应敏珠　邓　坤
出版发行　中国书籍出版社
地　　址　北京市丰台区三路居路 97 号（邮编：100073）
电　　话　（010）52257143（总编室）　（010）52257153（发行部）
电子邮箱　eo@chinabp.com.cn
经　　销　全国新华书店
印　　刷　青岛鑫源印刷有限公司
开　　本　787 mm × 1092 mm　1 / 16
字　　数　175 千字
印　　张　11.75
版　　次　2017 年 5 月第 1 版　2017 年 5 月第 1 次印刷
书　　号　ISBN 978-7-5068-6191-5
定　　价　36.00 元